博碩文化

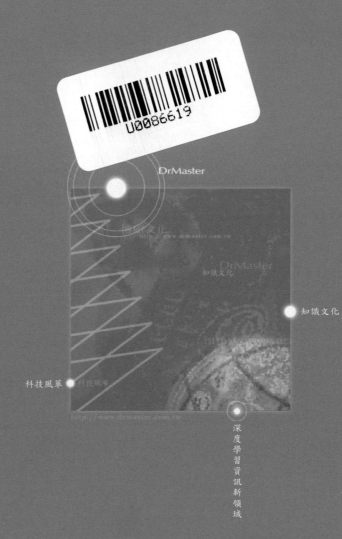

U0086619

DrMaster

科技風華

知識文化

深度學習資訊新領域

博碩文化

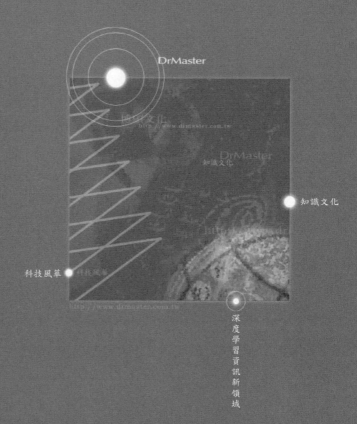

DrMaster

深度學習首訊新領域

 http://www.drmaster.com.tw

iT邦幫忙 鐵人賽

門檻 負擔 009天

秒懂大數據&AI用語!

張孟駿(張小馬)著

作　　者：張孟聳
責任編輯：蔡瓊慧

董 事 長：蔡金崑
總 編 輯：陳錦輝

出　　版：博碩文化股份有限公司
地　　址：221 新北市汐止區新台五路一段 112 號 10 樓 A 棟
　　　　　電話 (02) 2696-2869 傳真 (02) 2696-2867

發　　行：博碩文化股份有限公司
郵撥帳號：17484299　戶名：博碩文化股份有限公司
博碩網站：http://www.drmaster.com.tw
讀者服務信箱：dr26962869@gmail.com
訂購服務專線：(02) 2696-2869 分機 238、519
（週一至週五 09:30 ～ 12:00；13:30 ～ 17:00）

版　　次：2019 年 06 月初版

建議零售價：新台幣 420 元
I S B N：978-986-434-395-9
律師顧問：鳴權法律事務所 陳曉鳴律師

本書如有破損或裝訂錯誤，請寄回本公司更換

國家圖書館出版品預行編目資料

0 門檻！0 負擔！9 天秒懂大數據 & AI 用語
（iT 邦幫忙鐵人賽系列書 - 01）/ 張孟聳著.
-- 初版 . -- 新北市：博碩文化，2019.06

面；　公分

ISBN 978-986-434-395-9(平裝)

1.電腦 2.術語

312.04　　　　　　　　　　　　108007161

Printed in Taiwan

歡迎團體訂購，另有優惠，請洽服務專線
博 碩 粉 絲 團　(02) 2696-2869 分機 238、519

目錄

≫ Day-3　資料採礦（Data Mining）

≫ Day-4　資料分析（Data Analysis）

≫ Day-5　資料處理回顧與起源

≫ Day-6　大數據（Big Data）

≫ Day-7　商業智慧（Business Intelligence）

前言與基本框架

📢 小馬開場白

📢 基本框架

0 門檻！0 負擔！
9 天秒懂大數據
& AI 用語！

》 小馬開場白

近年來資料科學興起，一堆看似很厲害的專有名詞：大數據（Big Data）、資料採礦（Data Mining）、人工智慧（Artificial Intelligence, 簡稱 AI）、機器學習（Machine Learning, 簡稱 ML）等等有的沒的，如雨後春筍般被人廣為使用。

但大家愛用歸愛用，卻常常**知其然，不知其所以然**，導致這些數據資料相關的新興詞彙，常被濫用於各種相關文章內。只不過是數據分析，就說是 Big Data，只不過針對數據下了判斷規則，就說是 AI。實令人啼笑皆非，但小馬我也不禁笑著笑著眼淚就流下來了。

可以試著隨手 google 關鍵字查一下「什麼是 data mining ？」會查到有篇文章說資料探勘（又稱資料採礦），可分為六種模型（例如：群集分析、迴歸分析、關聯分析……），這不由得讓小馬想問，如果這六種叫做 data mining，那 data analysis 是什麼？連明擺著寫上**「分析」**二字的辭彙都被叫成了mining，這能不落淚嗎⋯⋯

在忍住淚水的同時，小馬不才，妄想運用近十年的資料科學家經驗，透過一碗**「蘿蔔排骨湯」**的譬喻，札札實實地把所有專有名詞具體的分門別類，一方面拋磚引玉徵求高手評判指教、一方面也期待集眾人之力，將這些在小馬看來根本無家可歸的新興詞彙，找到一個最適切的共識歸所。

小馬提醒

大家好，我是本書作者，張小馬。

>> 基本框架

▌ 如何開始逐步審視所有資料處理的過程呢？

首先，我們必須先將要討論的範圍框架出來。

舉例來說，如果我要討論一道料理「蘿蔔排骨湯」是怎麼製作出來的？往前，我總不能一起頭就去管到蘿蔔該如何生長、蘿蔔生長的土地該如何肥沃、豬隻成長的農場乾不乾淨……；往後，也不該馬上討論誰吃了這碗湯，吃完之後有沒有拉肚子，還願不願意再嘗試一次？

因此，以「蘿蔔排骨湯」的範圍來說：往前，蘿蔔已經生長完了，只是可能還在農地上，豬也已經養大了，只是可能還在農場裡；往後，我只管到「蘿蔔排骨湯」端上桌，誰吃了肚子舒不舒服我就暫且不論。

X. 蘿蔔該如何生長？

X. 蘿蔔生長的土地肥沃嗎？

X. 豬的農場乾不乾淨？有沒有做好品管？

O. 蘿蔔已經生長完在農地上

O. 豬已經養大還在農場裡

O. 如何把食材送進廚師手裡？

O. 食材該如何被處理？

O. 將一碗蘿蔔排骨湯端上桌

X. 喝湯的人有沒有烙賽？

X. 喝湯的人來砸店後該如何精進廚藝？

0 門檻！0 負擔！
9 天秒懂大數據
& AI 用語！

同理套用到資料領域：往前，資料都已經存在了，只是可能還散落在世界（或公司）各個角落；往後，將資料歸納出一個有價值的具體結論，已經算暫時完工，誰拿了具體結論去執行、去做後面的事、後面的事有沒有真的因此做好，暫且不論。

「暫且不論」意思是我們先不談，而不是不會談。要把一件事說明清楚，總有先後順序，讓我們一個一個慢慢來。

可以發現，我們已經將整個「資料生命週期」切了兩刀，變成三個階段：

A. 資料誕生與成長過程（蘿蔔和豬誕生及被養大的過程）

B. 資料收集與處理過程（蘿蔔和豬被送廚師手裡，最後做出湯的過程）

C. 資料產生的後續影響（喝湯的人有沒有掛急診的過程）

顯然，我們要針對 B 階段，再細分各個步驟：運送、清洗、備料、烹飪。

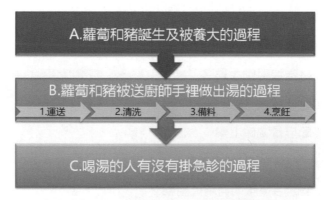

⬆ 階段 B 有四個小步驟，是首先要提到的。

煮一碗蘿蔔排骨湯之前，我必須做些什麼事呢？

運送：蘿蔔和豬必須被送到同一個地方，例如市場，這兩項食材才有機會被一起備料。

清洗：新鮮蘿蔔上有些土，豬要送電宰也會沾上糞便血汙，所以少不了清洗、清潔的過程。

備料：要做「蘿蔔排骨湯」，不會整根蘿蔔和整隻豬丟下去熬吧？所以，必須針對原生材料做一些處理，例如將蘿蔔削皮切塊、只取大小適中的豬肋骨。對廚師來說，處理蘿蔔還簡單，但豬總不會是自己動手殺吧？從此可看出根據不同食材，會有不同的前置作業。

烹飪：終於有了準備好的食材，下一步呢？就是廚師能大展身手的階段，做個最簡單的蘿蔔排骨湯，也可以突然轉念做個大菜「蒜香蘿蔔燉排骨」，或是廚師的徒弟突然跑來要求說：「師傅，感謝你幫我把食材準備好，這菜簡單，後面就讓我自己來吧！」

由上可發現，前 3 步驟是必須的，但第 4 步驟有非常多種可能性，所以我們接著會先詳細討論前 3 步驟，以資料領域相對應的專有名詞就是：資料匯入（ETL: Extract, Transform, Load）、資料清洗（Data Cleansing）、資料採礦（Data Mining）

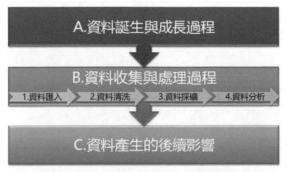

⬆ 對應於資料處理的四個步驟。

由於大家常誤用的詞彙，主要集中在「階段 B」，因此本書小馬會先討論完「階段 B」的四個步驟之後，再以自身職場上的實際經驗作為例子，來描述「階段 A」與「階段 C」會發生的趣事。

讓我們開始，煮出一碗美味的**「蘿蔔排骨湯」**吧！

讓我們開始，做出一份精彩的**「數據分析報告」**吧！

小馬閒聊 00

在籌備出書的階段，最常被問到的就是：「這些內容我 google 就能查到啦，幹嘛來看你的書？」

可以換個角度想，小馬準備這本書的內容，為了避免誤導、避免錯誤詮釋，又為了要淺顯易懂的舉例、讓虛無飄渺的艱澀詞彙，變成和藹可親的鄰家大姊姊。花在 google 上的時間，肯定比絕大多數的人，還來得更多。

這過程小馬有個很深的體悟：**說漂亮話、把專有名詞解釋得冠冕堂皇，很多人都會，但真要實作，卻不知道怎麼做。**

舉例來說，維基百科是這麼描述【Data Mining】：資料探勘是一個跨學科的電腦科學分支。它是用人工智慧、機器學習、統計學和資料庫的交叉方法在相對較大型的資料集中發現模式的計算過程。

人們可以很簡單地讀完了這六十多個字，但肯定依然不知道 data mining 到底實際做了什麼動作，甚至再往後看完所有維基百科上針對 data mining 的說明，一樣不知道具體來說，當我看著一份 Excel 檔，到底點了什麼公式、還是 ctrl+c（複製），ctrl+v（貼上），到底哪個動作，可以被稱為**我正在做 data mining**？

因此，我能很肯定的回答開頭的提問，這本書，將會非常具體的描述，用很簡單的例子，把飄在空中讓人捉摸不透的專有名詞，實際落地成大家容易理解的**對資料的實際作為**。

或許，在「落地」的過程中，會有些人不太認同，或覺得與自己過往認知不太相同。然而，資料科學從 2010 年發展至今接近 10 年，仍沒能發展成專業學科，甚至成為一門大學通識課程，這顯示了這領域不只是在專有名詞，甚至是處理過程，都因發展多元化而無法收斂，進而無法產生一個主幹而受人學習。

小馬無意也無權否決多元化的各種想法各種手法各種套路，只是想從中收斂出一個普遍能廣為人接受的說法與解釋，並期待能進而發展成可受人學習的基礎觀念，僅此為志。

Day-1

資料匯入（ETL）

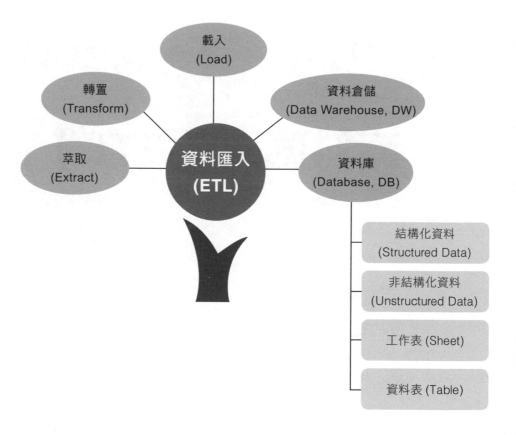

》原始作法

資料匯入、資料傳輸、資料運送，至今仍沒有一個廣為人使用的**中文翻譯**，最常使用的英文專有名詞是**「ETL」**，然而，ETL 實則裡面包含了三個動作：Extract（萃取）、Transform（轉置）、Load（載入）。

> ETL，念起來如「一踢欸樓」，在慣用中文的資訊人員對談中，已經是難以用中文取代的詞彙。

這三個單字和它的中文翻譯，彷彿令人敬而遠之的教課書名詞，每個字都看得懂都會念，但第一時間看到時，總是無法理解這些字組合起來，具體來說，到底在幹嘛？不信你可以試著 google 看看，有沒有誰具體把 Transform 這步驟到底在幹嘛給完整說明清楚的。

就讓小馬使用**「蘿蔔排骨湯」**來說明吧！

Extract（萃取）

只把需要的完整原始食材從生產地提取出來，例如我需要蘿蔔但不需要蘿蔔旁邊的雜草、需要豬但不需要豬的糞便；接著把豬從農場裡趕上載運車、把蘿蔔從農地裡拔起來。

Transform（轉置）

在把蘿蔔和豬送往市場的過程，一方面對這些蘿蔔和豬做了非常非常多的處理，包括清洗清潔、削皮切塊、還要把豬電宰支解出排骨（在載運車上？）……忙不忙？這是小馬我最有意見、最不認同的一個階段。

0 門檻！0 負擔！
9 天秒懂大數據
& AI 用語！

Load（載入）

把已經可以用的食材，清洗切塊完的蘿蔔和乾淨切好的排骨，送進……

Data Warehouse（資料倉儲）

……送進倉庫裡。

上面的問題，在於 ETL 中間【**Transform（轉置）**】做的事情，和另外兩個動作（Extract, Load）相比，**Transform** 要做的事情實在太多太搶鏡太有存在感了。明明是三個動作，**Transform** 的複雜度卻遠高於另外二者。

⬆ Transform 實際做的事情非常深入且複雜

這麼說吧！如果在車上就已經把豬處理到只剩下排骨，現在客人（老闆）突然說他不只要蘿蔔排骨湯，想加點豬頭皮和豬舌頭，我到哪去生給他？倉庫或市場裡也沒有，因為根本沒有載過來！難道得去載運的道路旁邊撿？這時候就會被大罵：「你為什麼只準備了豬排骨！你明明可以一起準備的，我又不是要吃魚！我的要求不合理嗎？」

資料領域同理，在這個階段若就只為了最初目標（以為只要做到就沒其他事的目標），而處理出**只為了最初目標的資料**，那資料的**彈性**會變得非常低，也會受限於 **Transform** 出的狹隘結果，一旦要延伸其他議題，就得必須重新來過（運送新資料進來）。

》經驗改良

因此，承接上述的問題，小馬經驗，真心真誠的建議，這才是正確的作法：

▌ 各產地→ Extract（萃取）→ Load（載入）→ Warehouse（倉庫）

送進 Data Warehouse（資料倉儲）之前，**不要 Transform**！

蘿蔔排骨湯

農地和農場→只需拔蘿蔔和趕豬上車→不做任何處理送進……→同一集中地

資料領域

散落各地資料→把完整相關的原始資料→不做任何處理送進……→資料倉儲

事實上，若單純看 **Transform** 這個字眼，它所做的事情非常簡單，就是欄列位的轉置：

姓名	國文	英文	數學	理化
張三	90	80	55	35
王五	60	80	90	100
小馬	85	50	100	30

姓名	科目	分數
張三	國文	90
張三	英文	80
張三	數學	55
張三	理化	35
王五	國文	60
王五	英文	80
王五	數學	90
王五	理化	100
小馬	國文	85
小馬	英文	50
小馬	數學	100
小馬	理化	30

⬆ 左邊是原始資料長相，右邊是必要的轉置處理。處理成這種長相在資料運用上屬於基礎功，但其原因屬於技術層面的議題，在此就不細談，處理的工具和方式也很多種。

因此，**Transform** 原始這麼簡單的處理過程，它甚至沒有更進一步的整容或對資料進行運算，本就不應該當作眾多資料處理手法的代名詞，**就像是你不會把所有種類的馬都叫做斑馬一樣。**

所以容小馬修正一下大家慣用的 ETL，僅保留 EL，如下圖所示，我們正在討論左邊兩個箭頭。

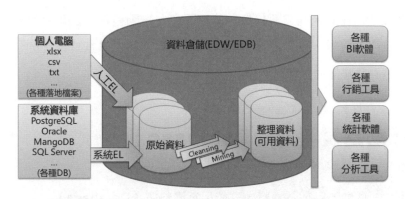

⬆ 資料來源管道各式各樣，必須運送到某一集散地。

有人會問，資料倉儲的好處是什麼呢？為什麼需要把所有資料先集中起來？

除了應付初一十五不一樣的老闆之外……這概念就像是，家裡辛苦的媽媽阿姨們，不會自己跑去農地買蘿蔔，或直接找豬農買豬，的道理一樣。當食材集中在市場，需要食材的人們，只要去市場就好，不必東奔西走。

資料倉儲概念也是，一間公司，會用到資料的部門非常多，很多時候，不同部門剛剛好會需要同樣一份原始資料（之後可能有不同的處理方式），這時候他們只要去同一個地方（資料倉儲）找就好。

或是另一種狀況，同一個人他需要兩份原始資料，但這兩份原始資料的生產者是不同的部門，在沒有資料倉儲的狀況下，必須溝通兩個部門才能取得，一旦有資料倉儲，只要進資料倉儲即可一次取得。

▌因此資料倉儲的存在，能使得資料間的取得更有效率，也更容易管理。

不過，就像是產地直銷的價格永遠是最便宜的，蘿蔔和豬到了市場後，價格也會略高一些，因為這中間的建置過程有額外的費用，攤位租金、載運司機的薪水等等。

0 門檻！0 負擔！
9 天秒懂大數據
& AI 用語！

這也是許多公司尚未建立資料倉儲的原因之一，因有額外的硬體費用、額外的人事費用來管理。改善的資料效率，如果短期無法轉換成改善的營收或利潤，決策者就會望而卻步了。

》什麼是資料庫（Database）

┃ 並不是一個地方存放了資料，就能稱為**資料庫（Database）**。

舉例來說，我們想像 YouTube 背後，有非常大量存放影片的空間，而這些影片檔案所聚集的儲存位置，會被稱為「影片資料庫」嗎？答案是**「不會」**！我們可以嘗試 google 這樣的關鍵字「youtube 資料庫」，會跳出這樣的搜尋建議……

youtube 資料庫的相關搜尋

youtube音樂庫	youtube音樂版權解決
youtube音效庫	youtube免費音效庫
輕快背景音樂	好聽的背景音樂
youtube音樂庫入口網	youtube免費音樂庫下載
無版權音樂網站	純音樂下載

⬆ 非但不會跳出**「影片資料庫」**，甚至連**「資料庫」**這三個字都不會出現。

為什麼，大家寧願把 YouTube 那些影片，稱為：音樂庫、媒體庫、音效庫，甚至播放清單，也不會把它叫成【**資料庫（Database）**】呢？因為**資料庫**是一個已存在非常久的專有名詞，具有非常具體明確的定義。

就像是你並不會把【停車場】，給叫成【碼頭】吧？

原來「我把影片放在影片資料庫裡……」是句很奇怪的話？

大概就像是說「我把汽車停放在汽車碼頭……」一樣怪怪的囉。

在瞭解**資料庫**之前，首先，必須要先知道……什麼叫做【**結構化資料（Structured Data）**】？

結構化資料一定必須具備這樣的條件：第一列是欄位名稱、第二列開始往後是該欄位名稱對應的內容，舉例上面出現過的：

姓名	國文	英文	數學	理化
張三	90	80	55	35
王五	60	80	90	100
小馬	85	50	100	30

姓名	科目	分數
張三	國文	90
張三	英文	80
張三	數學	55
張三	理化	35
王五	國文	60
王五	英文	80
王五	數學	90
王五	理化	100
小馬	國文	85
小馬	英文	50
小馬	數學	100
小馬	理化	30

⬆ 不論左邊右邊，都符合第一列是欄位名稱、第二列開始往後是該欄位名稱對應的內容，所以二者都屬於**結構化資料**。

那……什麼叫做【**非結構化資料（Unstructured Data）**】？

非常簡單地來說，所有不屬於**結構化資料**的都是。

▎簡直是廢話。

但就是這麼廢話，因為不屬於**結構化資料**的資料實在太多了：影音檔、文字檔、投影片、各式各樣手邊隨便的電腦檔案，只要它長得不像上面那樣第一列是欄位名稱、第二列開始往後是該欄位名稱對應的內容，就是**非結構化資料**。

可以想像，結構化資料接著會有程式語法的處理過程，也會有處理完後最終的呈現結果。

無論處理過程或最終結果，其內容看起來並不真長得像<u>第一列是欄位名稱、第二列開始往後是該欄位名稱對應的內容。</u>卻仍可能被人以「結構化資料」稱呼。

這屬於一種概括性的說法，就像是當小馬看著一份長條圖報告，說「這是結構化資料」時，其實我真正的意思是「這報告背後使用的是結構化資料」。

除了結構化和非結構化，還有介於二者間的「半結構化」，但那麼細節的定義已完全屬於資訊人員的專業領域了，不是本書欲著重的內容。各位讀者請先以簡單入門的角度了解即可。

好的，我們現在以比較簡單入門的角度理解了**結構化資料**，那是一種資料形式，就像是靈魂一樣，我們必須要有個形體，可以讓靈魂附著上去。

最常使用的工具就是 Excel，Excel 的【**工作表（Sheet）**】即是能讓結構化資料這靈魂附著上去的肉體；而在系統當中，能被結構化資料附著的即是【**資料表（Table）**】（不是桌子……），而且，**只能存放結構化資料**。

而**資料庫**，即是一個儲存空間，這儲存空間存放非常多擁有**結構化資料**靈魂的資料表。

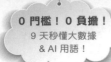

那……Excel 算資料庫嗎？

Excel 雖然工作簿內可以存放**結構化資料**，雖然**結構化資料**這靈魂可以附著在 Excel 的工作表上，但 Excel 並不是資料庫。

為什麼呢？

因為 Excel 也能設計成**非結構化資料**的形式，就是不符合第一列是欄位名稱、第二列開始往後是該欄位名稱對應的內容這個長相，而資料庫永遠只能存放**結構化資料**，所以 Excel 不是資料庫。

專案名稱：					審核日期	審核狀況	進度日期	專案進度	2019/7				2019/8				2019/9					2019/10			
					2019/7/1	審核通過	2019/7/3	已結案																	
工作編號	工作名稱	負責單位	執行地點	執行時間	其他備註	其他備註	其他備註	其他備註	w1	w2	w3	w4	w1	w2	w3	w4	w1	w2	w3	w4	w5	w1	w2	w3	w4
1	規劃																								
2	統籌																								
3	素材準備																								
4	前置作業																								
5	現場調研																								
6	資料收集																								
7	小結報告																								
8	後續追蹤																								
9	結案																								

⬆ Excel 雖然能設計出結構化資料，但如上圖也能設計成非結構化資料，因此 Excel 不能被稱為資料庫。因為**資料庫只能存放結構化資料**，更精準來說，是資料庫中的資料表只能存放結構化資料。

小馬提醒　結構化資料（Structured Data），就像是豬的靈魂，會以表（Table）這種具體形式，就像是豬的肉體，儲存於資料庫（Database）中，就像是豬寮裡。而且資料庫只能存放結構化資料。其中，把 Excel 的結構化資料，匯入至資料庫裡，即是經常發生的 EL 過程之一。

而本書談論的所有內容，都是針對**結構化資料**去說明。

》 小節摘要

資料匯入（Data EL）：

蘿蔔排骨湯

在找到所有食材原料所在之後，只載運完整的原始食材，將其運送到集中地，以利後續處理。

資料領域

在找到所有原始資料之後，提取完整的原始資料（E），將原料運送（L）到同一存放位置，也就是資料倉儲（Data Warehouse），以利後續處理。

我要加點豬舌頭。

沒問題！已經在 Data Warehouse 裡面了。

0 門檻！0 負擔！
9 天秒懂大數據
& AI 用語！

接下來，小馬我要清楚區別【**資料清洗（Data Cleansing）**】和【**資料採礦（Data Mining）**】這兩種最容易被誤用及混淆的專有名詞。

小馬閒聊 01

每間公司都會有特立獨行自我解讀的專有名詞，自創的就算了，最麻煩的是那種，明明業界共識通用這字的意思是什麼已經很清楚，但公司內部總愛用其他完全不同的意思，來取代這幾乎趨近於常識知識的通用字詞。

有時候是因為完全沒接觸過，不具備該字詞的知識，於是只能單從字面上的意思，去合理化自己經驗上好像符合該字詞的內容。

▌ 小馬就遇上了，根本誤解【資料庫（Database）】這個字的公司。

如果覺得前面談資料庫的那個小節非常的技術層面、非常的生硬，那就對了！因為**資料庫**這三個中文字，本來就是資訊人員專業領域中的專有名詞。換句話說，一個非資訊背景的人，怎麼可能工作中會一直提到這三個字呢？最有可能的原因就是：**談的人根本不知道真正<u>資料庫</u>的意思是什麼。**

說來有趣，在小馬職涯經驗中，某間公司有一些非資訊單位的部門所稱的資料庫，實際上指的是 file server，也就是公司內部的網路共用資料夾，簡單來說就是資料夾的概念啦，只要會用電腦，就會知道什麼是**資料夾**。

🔺 像上圖這是**資料夾**，而且懂的人，絕對不會把它叫做**資料庫**，因為裡面的內容都是**非結構化資料**。而且資料夾再怎麼長大，它也不會變成資料庫，就像是 Toyota 長大也不會變 Benz 一樣……

然而，該公司這幾個部門，正是把類似上圖的概念，稱呼為**「資料庫」**！也因此該部門常講的：建資料庫、資料庫裡的資料……；甚至是該部門開的職缺，資料庫管理人員、資料庫分析師……實際指的意思是……

▎不說了，真是太搞笑了。

為什麼一個看起來是業務單位的部門，會有【**資料庫分析師**】這個職缺？

那⋯⋯在這間公司裡，真正的**資料庫**，會被稱做什麼呢？

首先是，非資訊人員包括相關主管，完全沒有資料庫這個概念存在，它們並不了解系統記錄資料後、背後資料流、資料倉儲、透過某軟體工具看資料庫的資料、資料使用等等的觀念，甚至不知道有這個領域。

縱使知道，他們也不覺得**結構化資料**和**非結構化資料**有什麼差異。

在他們理解中，跟資料有關的，就只有例如，人工建立起來的 Excel，透過 Excel 做出的報告，可能是投影片、可能是 Word 文字檔，最後把檔案放在某個資料夾內，並稱它為資料庫。接著因為該部門於網路上有很多的資料夾，所以大家稱為 Big Data，這著實令小馬大開眼界。

> 徹徹底底誤解了從資料庫到大數據。

OK，上述是非資訊人員，那身為資訊人員總該懂了吧？是的，資料庫、資料倉儲，該公司的資訊人員有這樣的觀念，但大家卻把該稱為【資料倉儲】的東西，稱為【資料分享平台】（他們說這樣比較能讓非資訊人員和高高高高高階長官理解）。

這稱呼儘管令人莞爾，但至少相關的工作內容，確實是資料庫、資料處理等等會遇到的工作。而除此之外，該公司資訊人員確實是用「**資料庫**」在稱呼資料分享平台內的資料庫。

所以，在這公司開會時若聽到「**資料庫**」這三個字，要先去思考，講出這三個字的是不是資訊人員？是資訊人員，搭配前後文，可以知道他是不是真的在講資料庫；非資訊人員，那基本上他講的肯定不是資料庫，而是網路資料夾，甚至是一套類似 YouTube、Google，這種背後有大量資料存在的網路平台。

YouTube 後面有影片資料庫啊，不然它怎麼運作的？

真要把資料庫這三個字用在這，好像也不能說有錯……畢竟這時候聽起來，還不會令人誤解……

我們公司要建立自己的影片資料庫、專案資料庫啊！

呃……嗯……

所以我們開職缺【資料庫分析師】，有什麼問題嗎？

差之毫釐！失之千里啊！

小馬提醒

【資料庫（Database）】這個專有名詞，在資訊人員慣用的定義下，指的是收納結構化資料的儲存位置。所以嚴格講起來，影片或各類型檔案的儲存空間，理論上不會被稱為資料庫。

但當然，不曾接觸過實際資料庫的人，很直覺地將它稱為影片資料庫……必須說，以很廣義的概念來看，似乎也不能說不對。但例如「資料庫分析師」這種職缺用字，肯定必須是和結構化資料相關的內容，這種誤用，難免貽笑大方了。

MEMO

資料清洗
（ Data Cleansing ）

📢 實際案例

📢 處理說明

📢 指定為 null 很重要

📢 cleaning vs. cleansing

📢 小節摘要

≫ 實際案例

| 清洗是非常重要的，不管是對豬、蘿蔔，還是資料。

先別說客人喝蘿蔔排骨湯的時候咬到泥土，下湯時泥土就會把整鍋湯給毀了！所以清洗是處理食材絕對不可省略的步驟。資料也是一樣，舉例性別資料……

> 小馬對多元性別表達尊重，但為舉例方便，也為避免模糊焦點，暫時我們當作只有男、女兩種性別。

真實故事，我曾經看過某間公司會員的性別資料，裡面包括：男、女、男生、女生、男性、女性、男姓（打錯字）、F、f、M、m、Female、Male、female（各種單字縮寫和大小寫不同）……，這些就算了，我像盛竹如一樣繼續看下去，於是看到 093******* 的手機資料、還有屏東縣 *** 的地址資料……裡面何止有兩種？根本有上百種！

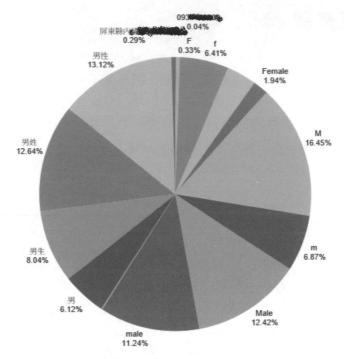

🔺 你可以想像性別圓餅圖跑出來，不是一分為二的乾淨俐落，而是如上切分了不知有幾種的色塊嗎？因此，這勢必要處理的。

》 處理說明

首先決定好最終想要看到什麼，是想要看到「男、女」，還是想要看到「男性、女性」、還是「M、F」？假設我決定最終要設計成「男、女」，接著，就必須開始做收斂歸類，透過寫程式、寫公式、寫語法……總之透過某些系統上的資訊作業，將男生、男性、男姓、M、m、Male、male 等等全數歸類成「男」，「女」的歸類同理就不再贅述。

最後，將無法分辨男女的例如手機資料、地址資料，歸類成同一群。真正清洗完的性別資料，只會有三種內容：男、女、null（空值／空集合／不存在）。

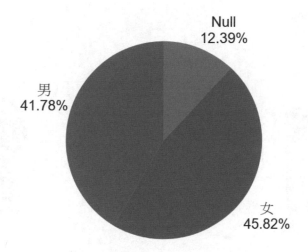

Null
12.39%

男
41.78%

女
45.82%

⬆ 看下去是否乾淨舒服多了？

接著再看資料的運用方向決定，例如若打算對男性推銷健身器材、對女性推銷保養品，那【null（空值／空集合／不存在）】就屬於無用資料，必須排除掉。

但如果它有其他用途，例如沒有性別資料的會員，反正就推銷他買保健食品呢？或是拿這些資料回去問資料輸入端的人，質問「怎麼會有這麼多應該要填男女的資料，填成手機號碼或地址呢？」就像是市場小販看著送來的一百斤蘿蔔，質問對方「喂！你說這一籃一百斤蘿蔔？可是我看裡面有二十斤的土啊！」

可以知道，所謂「可用／不可用」，視使用者的**目標**而定，並非我們直觀下覺得**沒填寫就等於不可用**。

0 門檻！0 負擔！
9 天秒懂大數據
& AI 用語！

我們現在買八十斤的蘿蔔，就送二十斤的土喔。

我要的是蘿蔔，你給我土幹嘛？

嘿！土可以拿來種盆栽啊！

》 指定為 null 很重要

承上舉例，對性別用途來說「不可用」的這一類，應該要怎麼命名呢？

在小馬多年的資料處理經驗，最建議讓這群是個有如**「虛無」**般的存在，也就是前面寫的「null」這個字，原因在於絕大多數的資料系統都有辦法把「null」視為一個**具有清楚明確定義的空值**。

小馬看過非常多針對「不可用資料」的統一處理，包括……空白、半形空格、全形空格，甚至直接的文字命名像是……未填寫（三個中文字）、其他（二個中文字）、沒寫（二個中文字）、none（四個英文字）。

使用這些命名的缺點在於，系統根本不知道這個命名的概念是「**空值**」，而會把……例如「沒寫」這二個中文字，當作第三個性別。換句話說，這樣的命名，系統會以為我們把資料處理成三種性別：男、女、沒寫。畢竟系統不會知道性別只有二種，也不會知道世界上並沒有一種性別叫做「沒寫」……

▎ 這在往後讓系統做資料運算的時候，會帶來極大的困擾。

就像是小販把那二十斤的土，命名為「土」，結果被機器人誤以為是巧克力粉而拿去做蛋糕……系統是制式的，它覺得上面有針對這個食材命名，看起來又黑黑粉粉的……所以我們不能怪這台被蛋糕店老闆端出門的可憐機器人，因為它本身並無法判斷「沒寫」、「其他」、「土」，這有寫上中文字的實際意思是什麼，它只會把它當作另一種有被命名的食材看待。

就像性別資料的分析使用，當我背後有些複雜運算，例如我想知道：保養品的推銷族群，應該是哪種性別為宜？結果系統跑完，老是告訴我「保養品最適合推銷給『其他』這個性別。」

如果當初將「其他」寫成「null」，系統就肯定只會給出男或女二種結果其中之一。

▎ 這中間的緩解之道就是「**null**」。

系統唯一能識別的就是「**null**」，這也是小馬強烈建議使用「**null**」作為其他資料的型式。講得更深入一點，null 並不是四個英文字的命名，而比較類似

一種「**虛幻的存在型態**」，我們只是告訴系統那些不可用的資料，是以 null 這種型態存在著，這時候，系統就不會去管它實際的種類名稱叫什麼了。

小馬提醒　節錄自維基百科：空值（Null 或 NULL）是結構化查詢語言中使用的特殊標記，是中對數屬性未知或缺失的一種標識，用於指示資料庫中不據值。在 SQL 中則是以 NULL 用於標識空值的保留關鍵字。SQL null 是一個狀態，而不是一個值。這種用法與大多數程式語言完全不同，其中參照的空值意味著不指向任何對象。

上面這段文字看完，真能理解什麼是 null 嗎？但只要我們看完以下的對話，絕對能了解什麼是 null，也會知道，null 跟 0 是完全不一樣的東西。

小馬，你考大學的成績出來了嗎？

我考經濟系，只需要考三科，國文英文數學。

成績如何？

我的英文 0 分！唉……

是喔……那你化學考得怎麼樣？

就說我只考國文英文數學，根本沒有考化學啊。

所以你化學也是 0 分囉？

呃……不能這麼說吧！沒考就沒考，和 0 分不一樣。

哪裡不一樣？

小馬提醒

國文 90 分、英文 0 分、數學 90 分，三科平均起來是 60 分，會被英文影響，拉低平均分數，但這個平均分數，不會被我沒有考的科目，例如化學，給影響啊！我的化學成績，就是 null 的概念。

本書並非在教導人如何做資料清洗，而是將這些名詞清楚定義和歸類，故這邊只會很簡單的提到舉例的處理方式，不會廣泛的提及資料清洗會遇到的狀況，或更深入的資料清洗怎麼做。

事實上，在系統中，以非「null」的方式去實際命名不可用資料，還會造成其他更多困擾，只是要細談下去，就會往更深的技術層面去了，請容小馬就此打住。

≫ cleaning vs. cleansing

Cleaning，清潔，在規模上是很淺的程度，以上述舉例來說，就像是把「M/F、m/f」給直接排除（當成 null）一樣，畢竟它離很具體的「male/female」差距甚遠，甚至以中文的角度，離「男 / 女」又更八竿子打不著了。

但是，我們怎能放棄以人類直觀上這麼明確的意義呢？所以過程中我們會加入許多**人為判斷**，知道「M/F、m/f」一樣可以當作「男 / 女」。

這還算好區別的，「mal/femle」，又如何呢？當我們看下去，以人類大腦神奇的運作，我們竟然可以理解輸入者想寫的應該是「male/female」，只是可能手滑，也沒特別留意自己輸入錯就送出資料所導致的。但如果連這種狀況，我們都要多寫程式語法，讓系統知道要把它改成「男 / 女」去歸類，那我們肯定還得多寫非常多條類似的狀況，這界線又該如何抓？離譜到什麼程度，我們才會放棄將它歸類？

可以發現，在思考歸類過程、歸類界線這件事情時，我們費了很大的心思，這種程度就像是在「淨化資料」一樣，因此，使用**「Data Cleansing」**這個用字，小馬認為是較恰當的。

這麼説吧，cleaning 就像是對著一頭豬單純把它身上的髒污清掉，而 cleansing 是把豬帶去檢測看有沒有得到非洲豬瘟；Cleaning 就像是一小時四百元的居家清潔，cleansing 則是一次一萬元的細部清潔；Cleaning 就像是直接對著壁癌去刷油漆，cleansing 就像是刮除壁癌、發泡批土，再上油漆。

至於中文翻譯，雖然「資料淨化」聽起來更厲害一些、也更貼切，但至今小馬還未曾聽過有人這麼説，目前仍只聽過**「資料清洗」**一詞。儘管程度有差，但對資料所做的工作目標是雷同的，故以下仍先沿用【**資料清洗（Data Cleansing）**】來描述囉！

0 門檻！0 負擔！
9 天秒懂大數據
& AI 用語！

≫ 小節摘要

資料清洗（Data Cleansing）

蘿蔔排骨湯

清洗完整食材，將食材分為可吃及不可吃，將可吃的保留、不可吃的聚集在一起，看接著要清洗掉或去除。

資料領域

處理原始資料，決定心目中應該呈現的資料長相，將資料分為可用及不可用（不可辨識 / 雜亂資料 / 骯髒資料），將可用的收斂歸戶歸類，將不可用的歸納成同一類（且最好指定這類的型態是 null）。

小馬閒聊 02

▎ 為了爭一口氣，踏進 Data 領域。

小馬我經濟系畢業，數學邏輯是不錯，就學期間也用過統計軟體和 R，但無論如何沒有想過某天是靠著 SQL 做資料處理在吃飯。這到底怎麼一腳踏入這不歸路……呃不是……這充滿願景與未來價值領域的呢？

這發生在新鮮人出社會的頭兩年，當時候身為數據分析人員，卻發現 IT 單位提供的資料錯誤百出，你有沒有看過系統裡面跳出來的達成率，是破百的？不是破「100%」喔！是破「100.00」（10000%）。

蛤？達成率一萬趴是什麼概念？

訂定業績目標，幾乎是所有業績導向的公司企業很會做的事，【目標業績】通常與實際能達成的【實際業績】，不會相差太遠；舉例正常狀況下，若一個月只能做到一百萬元的實際業績，那目標業績，總不可能訂成一個月要做一億元吧？反之也不會訂成一個月只需做到一萬元，同樣道理。

因此【實績 / 目標 = 達成率】，了不起常落在 30%~300% 的範圍，臨界的兩個極端值也已經是很誇張的數據了，怎麼可能會有 10000% 這種數字呢？

0 門檻！0 負擔！
9 天秒懂大數據
& AI 用語！

小馬我尋尋覓覓冷冷清清地追尋答案，得到的回應大致如下：

問需求單位……

小馬：「我們系統跑出來的達成率是一萬趴欸？」

「喔那個達成率是錯的，不要用就好啦～」

「我們都會自己抓檔案下來，再自己算達成率。」

問資訊單位……

小馬：「你們系統跑出來的達成率是一萬趴欸？」

「有驗收過需求單位說 OK 啊～」

「沒關係反正那個沒有人在用。」

「你要這個數據幹嘛？」

後來當然我就找出原因了，在於當時的資訊人員，他們把達成率寫成「實績 / 目標 as 達成率」而不是「SUM（實績）/SUM（目標）as 達成率」。這二者的差異在於，前者寫出來的數字，是一個直接在系統內寫死的數字，後者寫出來的達成率，是根據我們要運算的範圍，先把範圍內的實績和目標各自加總之後，再相除。

於是當前者的寫法在某個範圍內有非常多筆資料時，運算出的結果就變成了「SUM（實績 / 目標）」，也就是，當我們有 100 項達成率 100% 的商品，會直接把 100% 加總 100 次，於是我們的達成率就會變成 10000% 了～

事實上，我還歷經了一陣子的「AVG（實績 / 目標）」，因為這個寫法**看起來很像真的**達成率。但有點數理概念的人都懂這方法是錯的，當每筆資料的數據落差很大時，這種直接平均的算法和實際值會落差甚大。

地區	門市名稱	實際業績	目標業績	達成率
北區	A 店	150	300	50%
北區	B 店	200	200	100%
北區	C 店	450	500	90%
北區	D 店	100	50	200%
北區	E 店	120	120	100%
總計				?

⬆ 你覺得「？」很簡單，表示你有非常不錯的數理觀念。

地區	門市名稱	實際業績	目標業績	達成率
北區	A 店	150	300	50%
北區	B 店	200	200	100%
北區	C 店	450	500	90%
北區	D 店	100	50	200%
北區	E 店	120	120	100%
總計				540%

⬆ 這是寫成【實績 / 目標 as 達成率】的狀況，當從系統抓取北區的達成率時，會
計算成【50%+100%+90%+200%+100%=540%】，也就是【SUM（實績 / 目
標）】的呈現，這很顯然是錯誤的，卻是小馬當年遇到的狀況。

地區	門市名稱	實際業績	目標業績	達成率
北區	A 店	150	300	50%
北區	B 店	200	200	100%
北區	C 店	450	500	90%
北區	D 店	100	50	200%
北區	E 店	120	120	100%
總計				108%

⬆ 由於上面跳出了 540% 太驚悚，一看就知道是錯的。而數學不好的人，會以為要
把它們做平均，也就是【AVG（實績 / 目標）】的狀況，【540%/5 間店 =108%】，
這時候 108% 看起來好像是正確的達成率數字，但實際上仍然是錯誤的。

地區	門市名稱	實際業績	業績目標	達成率
北區	A 店	150	300	50%
北區	B 店	200	200	100%
北區	C 店	450	500	90%
北區	D 店	100	50	200%
北區	E 店	120	120	100%
總計		1020	1170	87.2%

⬆ 這才是正確的算法【SUM（實績）/SUM（目標）as 達成率】，先把實績和目標
各自加總，得到 1020 和 1170，再計算得到【1020/1170＝87%】不能再高。

達成率這例子只是冰山一角，因為較好說明被我拿來這裡寫。而我
當時，就必須在這樣 IT 素質的環境下，進行數據分析的工作……
#$@%#@^?

抱歉！小馬我這麼說其實有失公道！

隨著年紀漸長，到現在其實就知曉，這充其量只能說非戰之罪，而不能
說是人家素質有問題。因為要同時具備資訊能力和數學能力的人，畢竟
不在多數，甚至人家當初入行時，可能也不是以數據計算作為主要工
作，很可能根本沒有達成率的概念，我這無疑是指責魚為何不能像鳥那
樣飛。秉持著「術業有專攻」的精神，所以這樣說，非常不公道，抱
歉，小馬我自掌嘴（啪啪啪）。

好的故事繼續，終於到了某天會議上……

我質疑資訊人員提供的某個數據不正確，我算出來的答案和他們給的資料落差非常大。甚至，我知道他們用錯了什麼方法、誤會了哪個環節，導致他把數據寫成錯的，因為我試著把他的錯誤數據給做了出來。

但該名資訊人員並未回頭檢視自己的不足，而是惱羞成怒拍桌地吼著：

「這種數據很難處理你懂不懂！你那麼厲害！不然你來啊！」

> 欸嘿～（吳宗憲貌）
> 於是小馬我就來了。

MEMO

Day-3

資料採礦
（Data Mining）

》 歸納定義

> 備料，不是烹飪食材的過程，而是烹飪食材前的步驟。
> 採礦，不是雕琢原石的過程，而是雕琢原石前的步驟。

資料採礦、資料探勘，小馬看過太多截然不同天差地遠的說明解釋，在廣泛收集各方說法，並搭配自己多年資料處理經驗之後，在本書將歸納出了一個很具說服力的論述。

這也是本書核心價值之一，畢竟，小馬若僅只是隨波逐流地去附和眾人的說法，人云亦云，不去質疑某些說法或解釋的爭議點，也不去探究這個詞彙是如何從最初被人使用，一直到現在默默呈現一種積非成是的狀況，那……網路上一堆資料，小馬抄下來就罷了，此書的意義目的也不復存在。

所以，且讓我們腦力激盪一下，推敲推敲這個詞彙，怎麼解釋，最為合理？

乾淨的整根蘿蔔、乾淨的整隻豬，都是可以吃的，因為我們在前一個步驟**資料清洗**，已經把食材處理成乾淨的完整食材。只是現在目標是做出「蘿蔔排骨湯」，不需要蘿蔔皮，也不會整根蘿蔔丟下去，必須切塊；豬的部分，只需要豬的肋骨排部分，甚至廚師沒辦法自己動手做，必須透過屠宰場處理。

資料同理，乾淨清整完畢的資料，全部都是可以用的，只是視目標而定，我們必須找出因應目標，相對應的資料，若複雜點，還必須透過一些運算邏輯去處理，甚至有時候，光是做出具備分析價值的準備資料，就必須經過好幾道的處理程序（如屠宰場般），好讓我們後續進行分析。

小馬認為，這才是「採礦（Mining）」真正的初衷，也是相較合理的解釋。請這麼想，採礦、Mining，這個動作，指的既不是雕琢原石的過程，也不是最後把寶石裝在珠寶盒裡的過程，而就是字面上的定義：地球這麼大，眾人首先聚焦於某個礦山，接著從礦山裡挖掘出將用來被雕琢的寶石原石，找出寶石原石，準備讓寶石師傅雕琢。

換句話說，採礦是雕琢原石前的步驟、製作寶石前的步驟，挖掘、採集出原石，**但還沒開始被雕琢**。這句看起來這麼廢話的描述，放在資料領域裡，卻會被人誤用，實令小馬深感困惑。

蘿蔔排骨湯也是同理，我們準備好了所有食材（已歷經了採集、清洗、切塊備料），但還沒開始丟進爐子裡煮，而準備食材最後的這個**切塊備料**，準備出最終食材（已非完整食材原料）的過程，套在資料領域上，就叫做【**資料採礦（Data Mining）**】，一個很漂亮的資料被我們採集後清洗且切塊了，但我們還沒有真的開始對這個資料做煮食。

》 實際範例

在我的購物網站裡，我有如下的乾淨完整資料（資料清洗完畢的）：

交易日期	訂單編號	客戶名稱	商品名稱	金額
2018/9/1	order201809010001	張三	筆記型電腦	25888
2018/9/3	order201809030001	王五	親子票券	750
2018/9/5	order201809050001	張三	螢幕防窺片	1280
2018/9/6	order201809060001	蠟筆小新	娜娜子姐姐公仔	99999
2018/9/11	order201809110001	小馬	筆記型電腦	25888
2018/9/12	order201809120001	小馬	+9 無線滑鼠	9999
2018/9/12	order201809120002	王五	葉黃素禮盒	800
2018/9/14	order201809140001	李四	筆記型電腦	25888
2018/9/14	order201809140002	李四	葉黃素禮盒	800
2018/9/15	order201809150001	王五	抗菌洗手乳	150

⬆ 所有資料都是正確且有用的

而我現在需要如下的資料，好讓我之後作分析：

1. 買過筆電但沒買過防窺片的人

2. 已經超過 1 個月沒有消費的人

3. 只在網站消費過 1 次的人

不用我多説，上面三種資料，聰明如你，一定知道找出這樣的消費者之後要做什麼促銷。

但是，原始資料並無法直接給出我這三種資料，我必須透過某些邏輯判斷：

1. 找出買過筆電的人，並找出沒有買過防窺片的人，做交集。

2. 找出每個人最後一次的消費日期，看誰的最後消費日期距今超過 1 個月。

3. 必須計算出每個人消費次數，找出次數只有 1 的人。

小馬提醒

每個人的每次消費，都是正確且重要的資料，但我們並不需要呈現每一筆資料，卻又必須拿到並使用每一筆資料，才有辦法得到想要的資料。這就叫做【**資料採礦（Data Mining）**】。

相較之下，第一題反而是最簡單沒爭議，但第二三題會有這樣的爭論……

怎樣才算「超過 1 個月沒有消費的人」？

「1 個月是要用月計算還是日計算？」

月計算意思例如，6 月不管哪一天，是這個消費者最後一次消費，若我們是 7 月做資料，那這個消費者都不算「超過一個月沒有消費」，當我們在 8 月做資料時，該名消費者才算「超過一個月沒有消費」。

縱使這消費者最後是 6/3 號來，而我們是在 7/30 做資料，從天的角度來看，早就超過一個月，但從月計算的角度來看，會當作還沒有超過。可以將月計算想像成，資料上較寬鬆的處理方式，即使是最極端的例子例如 6/30 最後一天來，8/1 號做資料，也能確實符合「超過一個月沒有消費」的定義。

「若用日計算，一個月是多久？30 天還 31 天？」「剛好 30 天沒消費，要算還是不算？」

怎樣才算「只在網站消費過一次的人」？什麼叫做「一次」？

「一次購買了多樣商品的人，算消費一次還是多次？」

「如果只來過一天，同一天買了好幾件商品，算一次還是多次？」

「早上買了一次，晚上買了一次，算一次還兩次？」「如果算兩次，那幾點之前叫做早上？幾點之後叫做晚上？只分早上晚上嗎？還是要分凌晨清晨早上中午下午晚上深夜？所以一個人一天最多可以消費七次囉？」

就像是現在師傅交代，他要熬一鍋的蘿蔔排骨湯……

師傅：「徒弟，等等我要做蘿蔔排骨湯，你將蘿蔔和排骨準備好來。」

徒弟怯怯地問著：「師傅，請問蘿蔔要切嗎？豬要先屠宰嗎？」

師傅：「你這笨蛋！蘿蔔當然要切塊！豬當然要宰過啊！都去市場買，我只要豬排。」

徒弟嘟噥著，「我又沒做過，沒說我哪知道……」

師傅罵道：「你在小聲碎碎念什麼？」

徒弟連忙回應：「沒有沒有，那我準備牛排館的那種豬排，和三色豆大小的蘿蔔嗎？」

師傅：「你這笨蛋！排骨！沒看過排骨也吃過排骨湯吧？哎呀真是……你去找豬肋排後，切成這樣的大小……」師傅沒好氣地用手比了個大概，「……然後蘿蔔要切得比排骨小一點。」

徒弟欣喜著：「這樣我懂了！」

0 門檻！0 負擔！
9 天秒懂大數據
& AI 用語！

師傅：「很好，快去吧！」

沒多久後，師傅看著備料板上的食材差點昏了過去，排骨和蘿蔔的大小沒問題，但徒弟僅僅**各只準備了一塊**……

釐清定義是最耗時的經過！

非同行可能很難想像，在我職場經驗中，向需求單位釐清**定義細節**，是工作中最繁冗的一環（沒有之一），我們會遇到很多如「一個月是 30 天還 31 天，剛好 30 天算不算」的問題。

我舉個今早在麥當勞的例子，我前面那位客人點餐：

客人：「我要一個 2 號餐。」

店員：「好的，要什麼飲料？」

客人：「然後兩杯熱咖啡。」

店員：「（略遲疑）好的兩杯熱咖啡嗎？」

客人：「對。」

店員：「請問 2 號餐要搭配什麼飲料呢？」

客人：「熱咖啡啊～」

店員：「好……」

於是結帳，結帳過程也沒人發現有什麼問題。

直到餐點好，客人看著上來的餐點，疑惑的問：

「為什麼有三杯咖啡？」

我意思是，如果，店員不懂得問出這句話：「所以是 2 號餐的飲料是熱咖啡，再另外加點二杯熱咖啡，所以總共會有三杯熱咖啡嗎？」在我的標準，這是店員的問題。

拜託不要戰我服務業很辛苦這樣太歪樓，我主要在講的是，供給者在做需求確認的時候，他明明有能力可以將需求釐清，他卻沒有做的時候，那這就是供給者的問題。

當然，我們已經假定了客人在第一時間，就是沒辦法主動講清楚自己到底他馬兒的要幾杯咖啡（就像師傅沒辦法在第一句話就講清楚他要的蘿蔔塊和排骨到底長怎樣、要幾塊，是相同道理）。如果有客人可以講清楚，那就拍手喊聲「阿彌陀佛謝天謝地」再跟客人 give me five 一下，而不要剛開始就期待客人能講清楚。

那該怎麼做呢？

不能這樣問：

「超過 1 個月的人？那剛好 30 天是要算還是不要算？」

必須這樣問：

「如果這個人最後一次的購買日期是 8/1，假設今天是 8/31，那這個人算不算超過 1 個月沒有購買？」

0 門檻！0 負擔！
9 天秒懂大數據
& AI 用語！

而且按次序必須問到這些時間點：

最後一次購買是 8/1，假設今天是 8/30 ？

最後一次購買是 8/1，假設今天是 8/31 ？

最後一次購買是 8/1，假設今天是 9/1 ？

最後一次購買是 8/1，假設今天是 9/2 ？

最後一次購買是 9/1，假設今天是 9/30 ？

最後一次購買是 9/1，假設今天是 10/1 ？

最後一次購買是 9/1，假設今天是 10/2 ？

最後一次購買是 8/15，假設今天是 9/14 ？

最後一次購買是 8/15，假設今天是 9/15 ？

最後一次購買是 8/15，假設今天是 9/16 ？

最後一次購買是 9/15，假設今天是 10/14 ？

最後一次購買是 9/15，假設今天是 10/15 ？

最後一次購買是 9/15，假設今天是 10/16 ？

當需求單位把答案回答出來，他自己才會赫然發現：啊，原來自己不是用 30 天去想！縱使小馬在對面桌子底下已握拳握出血來……

如果需求單位在回答完矛盾的答案後，還遲鈍到以為自己在用 30 天去想，那……就把 2 月搬出來舉例吧！然後最常遇到的結果就是：

「我再回去想想。」

「我回去問問主管。」

所以說啊！如果有客人能在第一時間說清楚自己要什麼，我們真應該抱著感恩、平安、喜樂，的心情呢！

》 推薦商品

「推薦商品」背後的運作原理是什麼呢？

當你瀏覽網站，瀏覽過程，網頁下方會跳出：你可能會喜歡、其他人也瀏覽了……、推薦商品、熱銷商品；或是去七乘四買東西，店員會看著結帳螢幕問你（可能他螢幕跳出了某個要推薦給你的東西），要不要加購什麼商品呢？這背後，是如何運作的？

要不要加購衛生紙或牙膏呢？

我看過不少人稱這個就是 AI，實不知，這個離 AI 還差得遠，甚至連數據分析都還談不上，很多僅只是資料採礦的領域罷了。以下咱們由簡入繁列出背後的運作模式：

一、沒有任何套路

單純就是庫存多或毛利高的商品，可能每個月更新一次，不管你是誰、買過什麼、當下買了什麼、如何瀏覽網頁，總之在這個月，就是推薦給你這商品。當然，網頁可能會寫上**熱銷商品**這四個字，其實你可以這樣想，既然它是熱銷商品，那不用推薦自然也會有很多人去買，幹嘛推薦給你？所以囉……會推薦給你的，都是公司想要趕快賣掉的商品。

二、正在瀏覽的商品類別

你正在逛**筆電商品**頁，總不會心裡想著要買**抗菌洗手乳**吧？那還不簡單，推薦商品就列出所有<u>公司想要趕快賣掉的**筆電**</u>。只要這個人正在看某個商品類別，下方就推薦這個商品類別裡公司想要趕快賣掉的商品。

三、人為的經驗判斷

不是透過任何統計數據的分析方法做到，而是例如某個行銷主管或行銷人員認為，依據他們過往的**經驗判斷**，一個客人一旦一直瀏覽筆電頁面，那三天內購買筆電的機會非常高。所以針對**一直瀏覽筆電頁面**的人，推薦他<u>公司想要趕快賣掉的筆電</u>。這推論蠻有道理的，也可能確實如此。

現在業界普遍，是以這樣的方式在進行，但背後是人為經驗判斷去執行，而不是透過任何的數據分析結論去執行。以這方式做到的推薦商品，充其量，只停留在資料採礦的領域。

四、批次分析正在瀏覽的人想買什麼

背後做了**關聯分析**，昨天針對過去一年的資料分析下來，知道啤酒尿布會被一起購買，於是今天針對正在買啤酒的人，推薦他買尿布（反之如此）。但這個關聯分析，可能一個月做一次，了不起，一天做一次然後依照分析結果每天更新推薦商品，已經是很先進的公司了。

同理，正在瀏覽某頁面的人、或某些特定瀏覽路徑的人，會買什麼商品，一個月做一次，最多一天做一次，進而更新推薦商品。以這方式做到的推薦商品，確實踏入了【**資料分析（Data Analysis）**】的領域。

五、即時分析正在瀏覽的人想買什麼

能勉強稱上 AI 的只有這種。關聯分析運算發現原本啤酒尿布會被一起購買，但在最近這 24 小時內買啤酒的人會去買足球，於是對於那些把啤酒放進購物車裡的人，原本推薦尿布的，改成推薦足球。而且在每次交易發生時，都重新運算一遍設定區間內的關聯分析，並在跑出結果後立刻更換推薦商品。

同理，正在瀏覽某頁面的人、或某些特定瀏覽路徑的人，會買什麼商品，每成交一筆就即時運算關聯性，進而更新推薦商品。為什麼只能說是勉強稱上 AI？因為裡面仍是有非常大量的人為痕跡，包括：設定計算的固定區間（24 小時）、統計值權重取捨、每成交一筆計算一次、跳出推薦商品的時機等等太多太多，都是人為設定，而不是透過系統自行運算得出的最佳設定。

你是不是邊喝著啤酒邊看世界盃足球賽啊？

往後的章節，對於**資料分析**和**人工智慧（AI）**會有更進一步的說明。以下我們仍先拉回至本章重點**資料採礦**。

》精準行銷的迷思

▌像算命一樣 往往是機率問題！

每每聽到【精準行銷（Precision Marketing）】、「推薦商品」，我都會想起這則故事。

一堂心理學的課程裡，講師說他會算命，於是課堂上分給全班學生各一封信，信封上寫著屬於該名學生的名字，講師說：

「請你們現在打開我的信件，我依據每個人的面相和姓名，針對每個人，我已經寫下你們每個人的個性和想法。」

在講師認為多數已經閱讀完畢且還無法彼此交流的時間點，他問：

「覺得信件內容還算有準確、有說中的，請舉手。」

結果全班接近八成的人都舉了手，講師接著說：

「好了，你們可以看看周遭同學彼此手中的信件內容。」

於是大家發現，**所有的信件內容都是一模一樣的**，而裡面寫著：

「多數狀況下，只要別人對你誠懇，你也願意對他誠懇。」

「有時候會做些小壞事，但你覺得要嘛無傷大雅，要嘛真的是不得已的必要之惡。」

推薦商品也是如此，偶爾我們真的會看到一些「有中」的推薦商品，但通常不是背後運算多麼厲害，多麼 AI，當瞭解在相同「有中」的推薦商品之下，還有一群人是「沒中」的，你就知道，這一切只是很單純的機率問題，只是多數人沒有那麼多的機會，可以觀察到完整的全貌。

再以機率來看，一定會有一小群人，他瀏覽任何網站時，該網站跳出的推薦商品剛剛好都是他想要的，而這一小群人會有一些做行銷的、做資訊的、做講師的、做部落客的、做老闆的。他們可能對於這背後的運作，有點懂又不太懂，只知道現在的科技，已經做得到每次推薦給他們的東西，他們都想要，真是太神奇了！於是把這一切冠上了最頂級的詞彙，**「這背後是 AI 在運作！」**似乎就沒那麼難理解了。

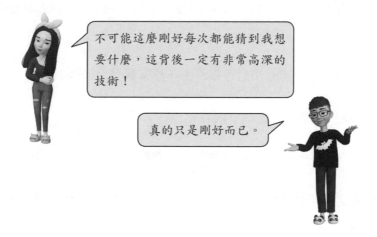

不可能這麼剛好每次都能猜到我想要什麼，這背後一定有非常高深的技術！

真的只是剛好而已。

事實上，這種機率的錯覺，被稱為**【倖存者偏差（Survivorship Bias）】**，最有名的例子是二次世界大戰期間，美軍的飛機，在安全返航的機身上，發現彈孔大都集中在機翼，機尾則鮮少中彈，於是先有人提出説：「機翼比較容易中彈，所以應該加強機翼的防護；機尾看起來沒什麼彈孔，機尾的防護就不必了。」

還好有個聰明的教授跳出來講話：「不是因為機尾不容易中彈！而是那些機尾中彈的飛機，根本他馬兒的飛不回來好嗎？所以要加強防護的是機尾才對！你看這些機翼中彈的都還飛得回來，表示機翼的防護比較不重要，和你剛剛講的剛好相反！」

0 門檻！0 負擔！
9 天秒懂大數據
& AI 用語！

而這種錯覺，早期也常被詐騙集團運用在許多體育賽事上。

我們舉例 2004 年 MLB（美國職棒大聯盟）完成大逆轉的洋基紅襪系列戰，這場七戰四勝的美聯冠軍系列戰，先由洋基取得三連勝，接著紅襪完成前無古人的不可能任務，四連勝逆轉奪下美聯冠軍！

詐騙集團是怎麼運作的呢？

在第一戰之前，他們透過傳 E-mail 的方式，對 A 組共 64 個人發送以下的內容：

▌「AI 精準預測，美聯冠軍戰首戰將由洋基隊奪得，取得系列戰 1:0 領先。」

並對另外 B 組 64 個人發送以下內容：

▌「AI 精準預測，美聯冠軍戰首戰將由紅襪隊奪得，取得系列戰 0:1 領先。」

接著第一戰結束，實際狀況是洋基贏了，詐騙集團就不管 B 組的人了，繼續對 A 組下手。

第二戰之前，對 32 人（AA 組）發送以下內容：

▌「AI 不負眾望拿得首場精準預測，第二場仍由洋基獲勝！系列戰 2:0 領先。」

第二戰之前，對另外的 32 人（AB 組）發送以下內容：

▌「AI 不負眾望拿得首場精準預測，第二場紅襪將追平！系列戰 1:1 平手。」

接著第二戰結束，洋基贏了，2:0，就不管 AB 組的人，繼續對 AA 組下手……

以此類推一直到第六戰結束，原本的 A 組 B 組共 128 人裡面，最後會有 2 個人，在第六戰結束後，收到了**六封完全精準預測**的 E-mail，而這 2 個人，幾乎會完全相信 AI 能完美預測比賽結果。

這時候詐騙集團只要再補上臨門一腳：AI 的預測準確度是不是很令人震驚？如果想知道 AI 預測第七戰的結果，請匯款三千美金到這個戶頭……

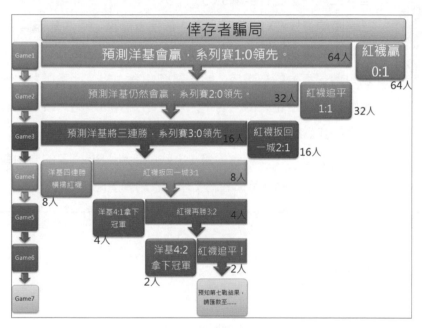

⬆ 此騙局很常發生在球類項目系列戰之際。

當然，等到第七戰結束，倖存的這 2 人，會有 1 人發現自己被騙，但仍會有 1 人對於 AI 能精準預測七場比賽結果，並幫他贏得了數倍的賭金而感到欣喜與驚訝。

上述詐騙過程，是以較容易理解的方式說明，實則內容多變，手法花招百出，不過原理是完全相同的。這類詐騙在 1990 年 ~2010 年時期很興盛，後

0 門檻！0 負擔！
9 天秒懂大數據
& AI 用語！

來因網路興起，資訊流通管道越來越豐富，A 組 B 組在網路上越來越容易無意間互相交流到詐騙訊息，很容易就知道是詐騙手法，而不會再上當，故已逐漸式微。

一提到【龐式騙局】，大家會知道談的內容是什麼。

但以上述手法進行詐騙的方式，究竟稱做什麼詐騙？小馬花了點時間查找資料，有被稱為「假消息詐騙」、「內幕詐騙」、「隨機詐騙」，但用字皆無法讓人與其原理手法做任何聯想，也只會很直覺的被想成「蛤？怎麼會有人相信、還匯款，給說能預測賽事結果的人啊？太笨了吧！」而忽略背後有精心設計的詐騙鋪陳。

既然概念是以【倖存者偏差（Survivorship Bias）】的方向執行，不如小馬就將其命名為【倖存者騙局】吧！

》 條件定義釐清

主軸拉回資料採礦的定義過程，我們再舉一例，購物網站取得的數據中，有所有購物網站會員的瀏覽記錄資料，現在的目標是：我想要針對……

1. 最近三個月

2. 從來沒有購買過筆電

3. 卻一直瀏覽筆電的商品頁面

……的會員，當作我的「行銷目標」，一旦知道這個人上線瀏覽（不一定要登入喔~只要沒清 cookie，就能知道是誰），就針對他推薦筆電，該怎麼做呢？

如上所述，所有資料都是正確的，所有資料都沒問題，但我們有辦法直接找出「行銷目標」嗎？肯定沒辦法。

於是，小馬兒我……

1. 先過濾出最近三個月的資料，OK！
2. 剔除已經買過筆電的會員，OK！
3. 呃……它馬兒的……什麼叫做**一直瀏覽筆電的商品頁面**？

只看了 10 秒鐘算不算「一直」？如果每天都上去瀏覽了 5 秒鐘算不算「一直」？只瀏覽過一次但這次瀏覽了 3 小時（可能瀏覽到一半去上廁所……或……看電影!?）算不算「一直」？於是針對這個條件，必須先決定好，「一直瀏覽筆電的商品頁面」的**清楚具體定義**是什麼？可以從數據去支持的定義是什麼？才有辦法繼續往下做。

就像是徒弟看到師傅出門前的字條交代：

從豬肋排切成 5cm*3cm*2cm 大小的排骨，共 10 塊。
將蘿蔔切成 3cm 正立方體，共 20 塊。
準備一鍋可以煮出美味蘿蔔排骨湯的好水。

徒弟喃喃自語著，「排骨，沒問題！蘿蔔，沒問題！好水……好水……」一想到自己又要被罵笨蛋，忍不住兩行清淚滑落。

0 門檻！0 負擔！
9 天秒懂大數據
& AI 用語！

不同專業領域的人，有時也會有類似的代溝，職場經驗中，小馬就很常遇到大家叫我去翻譯雙方的對話。

▌你給我翻譯翻譯，什麼叫……

需求單位：「我們需要所有會員的最新消費資料，只要每個會員最新的就好。」

小馬詢問：「如果這個會員同一天有兩筆消費，是兩筆資料都要？還是只要最晚的那一筆？」

需求單位：「兩筆都要。」

小馬翻譯：「需求單位想要 max 交易日期 group by 會員，然後要該會員當天的所有交易資料明細。」

資料單位：「歷史資料很大，不設區間嗎？」

小馬詢問：「建議區間抓多久？」

資料單位：「2y+n 吧。」

小馬翻譯：「資料單位說資料量很大，以現在 2019 年來說，如果會員的最後一次交易發生在 2016 年以前，要不要就當作他沒有最新資料？」

需求單位：「喔！不用，那這樣 2018 就可以了。」

小馬詢問：「是指如果這個會員最後一次交易發生在 2017/12/31 以前，都當作沒有最新資料，發生在 2018/1/1 之後才要看，是嗎？」

需求單位：「對對。」

小馬翻譯：「需求單位說 1y+n 就好。」

資料單位：「那 null 的還要看嗎？」

小馬翻譯：「IT 問說沒有最新資料的會員要列出來給你們嗎？」

需求單位：「不用。」

小馬翻譯：「不用。」

資料單位：「這句我聽得懂……」

這真的是很有趣的場面，有不少新人初次跟著我一同會議時對這種現象瞪目結舌，明明都是同一場會議的成員，明明講的都是中文，卻需要有人在中間協助翻譯。但你看看上面的內容，這能不翻譯嗎？

讓我們回頭瞧瞧需求單位原本第一句話的需求內容……

所有會員？其實不是所有會員，只要看最後一天消費發生在 2018 以後的會員。最新消費資料？其實不是最新一筆消費資料，而是該名會員最後一天的所有消費資料。

可以想像一下，如果沒有翻譯和釐清，這中間的往返對焦，甚至等到資料單位做完了，才發現不是需求單位要的內容，那是一件多麼沒有效率的事。

By date 的交易不是 unique 的，只能看 max 什麼去做，或看要 group by 什麼。

哩系勒工啥小朋友？反正你就給我近兩年這個月的會員最後一筆交易商品嘛。

0 門檻！0 負擔！
9 天秒懂大數據
& AI 用語！

你才勒工啥小朋友？到底是近兩年還是這個月？商品哪有什麼最後一筆？

都別吵了，讓小馬我來翻譯吧……

就像是師傅回來，看到只有一塊蘿蔔和排骨想暈倒，以及後來看到徒弟留的字條更想暈倒，字條上寫著：

師傅，徒弟聽說雪水有著迷人的滋味，徒弟這就前往日本富士山，為您採集好水回來。

可能很多公司都有同樣狀況，需求單位跟資訊單位一直有嚴重代溝，需求單位認為資訊單位聽不懂需求內容；資訊單位認為需求單位講不清楚需求內容。

於是中間產生了各種溝通耗時，明明幾天可以處理完的東西，耗上大半個月。不過，儘管小馬我有從需求單位轉成資訊單位的背景，但我對這件事的看法，從未變過，縱使身在資訊部門，也還是這麼認為：

┃ 協助需求單位釐清他們的需求，是資訊單位的使命和責任！

》 清洗與採礦的差別

談到此，應能明顯區別出來，**資料採礦**，它並不是**資料清洗**，因為並沒有特別針對「不可用資料」有任何進一步的處理，甚至它「每一筆資料」都用上了！資料清洗是將不可用的資料統一分類甚至排除，資料採礦是將所有可用資料運用後，得出具分析價值的資料（但還沒開始分析）。

以下用一句非常明白的話來結論二者差異：

資料清洗（Data Cleansing）

在於將資料【處理掉直觀顯而易見的錯誤】。

資料採礦（Data Mining）

在於將資料【處理成應用上想看到的正確】。

容小馬再次提醒，就算直到**資料採礦**完成，都還沒有真正開始分析資料，只是把依照蘿蔔排骨湯這個目的，所需切好的排骨和蘿蔔和……好水……，準備妥當，丟進鍋裡這個動作，才正要開始而已。

0 門檻！0 負擔！
9 天秒懂大數據
& AI 用語！

≫ 小節摘要

資料採礦（Data Mining）：

蘿蔔排骨湯

處理【**已經清洗完畢的完整食材**】，視要做出什麼料理，把完整食材處理成符合該道料理的必要食材。

資料領域

處理【**已經清洗完畢的乾淨資料**】，想清楚資料將被運用的方向和目標，運用所有乾淨且可用的資料，透過邏輯判斷或交集聯集等運算，整理並定義出即將被使用的資料。

小馬閒聊 03

「這種數據很難處理你懂不懂！你那麼屬害！不然你來啊！」於是小馬我就來了。

「來了」之後，到底發生了什麼事，且再讓我娓娓道來。

你一定知道有這種工作內容：一名員工，早上到公司之後，進公司的系統下載數據，匯出 Excel 檔，然後開始剪剪貼貼，各種 Excel 公式，vlookup、sumif、if......，一份 Excel 檔下了滿滿的公式，檔案大小動輒幾十 mb，點開那份 Excel 檔，要跑個十來分鐘。然後將最終的數據、樞紐分析、做成長條圖折線圖，貼在信件上，把信件發給長官或相關同事。

> 隔天上班，重複一樣的動作，
> 日復一日，年復一年。

當年的 IT 大主管，稱她們為**「報表小公主」**。

這其實是非常不合理的現象，做出最終數據的過程，沒有人為加工或判斷，原始資料，也都是從系統得來的。既然如此，為什麼系統沒辦法幫他們做出最終的數據？縱使做不成圖表，至少透過邏輯或公式，由系統寫，也要比人工用 Excel 寫公式，來得更有效率不是嗎？

啊～原來就是因為「這種數據很難處理你懂不懂！你那麼屬害！不然你來啊！」因此隨之而來，是一場該部門的面子之爭，也是小馬我職場中最大的一個轉捩點：**PK**！

0 門檻！0 負擔！
9 天秒懂大數據
& AI 用語！

我們被賦予了這樣的任務：業務單位有二份報表要系統化，即我所謂的做出最終數據，我當時既無資料庫也無 SQL，唯一能使用的工具是 Tableau（也算萬幸），上面長官給了我們兩個月的時間，兩個月後驗收。

我的作法說穿了也不稀奇，就是從公司系統下載出的 Excel 檔當作 Tableau 使用的底階資料，只是往後所有的運算，是透過 Tableau 的功能（有類似 join 和 union 的功能）及公式去寫的。

而我的對手是一整個部門，他們總共 4 人。

兩個月後驗收……我完整做出兩份 100% 正確的系統化報表；該部門，只做出了一份，而且數字還是錯的。之後小馬雖稱不上「扶搖直上」，但至少在公司內的名號算打下來了；至於該部門，後續有些精彩的變化，在此就不落井下石了。

往後的幾年內，我老大與我，一直試圖想要做到一件事，使用 Tableau 徹底取代「報表小公主」的工作，畢竟 Tableau 已經是全球極佳的視覺化軟體。殊不知我們仍是敗給了人的慣性，我們從未想過這件事，推動是那麼的困難：

▍ 使用者自己點開瀏覽器或 App，登入帳號密碼，去看自己想看的報表。

明明只要大家願意做到這件事，就可以省下一堆「報表小公主」的人力支出，因為報表可以做到完整的系統化了啊！但相較於此，大家還是習慣：用 outlook 收信看「報表小公主」發出來的報表。

其實這種看報表習慣的更改，要從最上層一路推動下來，才有機會執行，但若連最上層都改不了這習慣，又怎麼期待這件事能有所改變呢？因此直到我老大被自願離職、我後來離開，這件事的推動仍舊是半調子，縱使後來我們有成功讓一些新進員工和新進主管以 Tableau 看報表，但舊人仍改不了老習慣。真是引以為憾啊……

話說回來，多年後的現在，赫然發現當年的思維，完全沒去考慮過這件事：如果真的被我們推動成功了，那這些「報表小公主」，何去何從？要資遣他們嗎？在當時，小馬我真的完全無法連結到這樣的考量，整件事對我來說只是一件「可以優化」的事，卻沒有想過道德層面的社會議題，對當時很稚嫩的我而言，太超現實而無法想像。

只是現在的我，會默默這樣猜想，如果我是個很照顧下屬且宅心仁厚的主管，或許會因為想到了這件事，而繼續使用 outlook 收信看報表，好讓這些報表小公主，有繼續待在公司的價值吧？

一想到這，就覺得沒那麼遺憾了。

MEMO

資料分析
(Data Analysis)

📢 歸納定義

📢 分類分析（Classification）＆ 群集分析（Clustering）

📢 先分類後群集

📢 迴歸分析（Regression）

📢 廣告是種藝術、促銷是門科學

📢 關聯分析（Associative Analysis）

📢 資料分析完只是個開始

📢 大家想看到的分析

📢 小節摘要

>> 歸納定義

> 針對【清洗乾淨且依照料理所需準備的食材】做料理，
>
> 針對【清洗乾淨且依照分析需求做出的資料】做分析。

終於，我們要把辛辛苦苦準備好的蘿蔔和排骨下鍋了！

事實上，光是這個步驟，就有讓人寫上好幾本書的潛力，呼～還好小馬先畫地自限，本書只先針對專有名詞概略地去介紹，先不會帶著大家直接進行實作。

食材準備好之後，能做的事情非常多，先以最簡單（姑且不論美味與否）的蘿蔔排骨湯來談，就像是針對交易資料，只需要彙整出當月業績、銷售商品類別各自佔比、當月交易人數，看看是否有成長？與上個月相比、與去年同月份相比等等，這樣簡單。

小學生程度就能做到！縱使如此，這同屬於【**資料分析（Data Analysis）**】領域。

小馬提醒　中文翻譯都是「資料分析」，但英文到底是「Data Analysis」還是「Data Analytics」呢？

在網路知識或工作運用中，有人說 analysis 範圍較小 analytics 範圍較大、或說 analysis 較偏資訊領域 analytics 較偏非資訊領域，但卻也有持完全相反意見的論述。

小馬提醒

有趣的是雙方提出來的譬喻說明，可能還會與自己描述的定義略有衝突矛盾，或根本兩個在講一樣的東西。

比較有共識的一點在於，Data Analytics 更傾向於概念性的表達，涵蓋範圍廣及使用的分析工具和分析知識；而 Data Analysis 更像是資料運用的一個程序，即類似本書譬喻為**「烹飪」**的過程。

換句話說，譬喻起來，analytics 較類似於整個與廚藝相關的知識和工具，包括懂得哪些烹飪方法、有哪些品牌的菜刀是有名的，寬鬆角度來看，屬於理論派；而 analysis 較類似於實際到底運用哪一種烹飪方法、哪一個廚具，可以煮出真正美味的料理，更聚焦於實際烹飪的相關內容，寬鬆角度來看，屬於實作派。

而本書重點強調於每個資料處理過程，從 data cleansing, data mining 到現在的 data analysis，可看出較偏向於聚焦且明確的步驟。因此本文提及的資料分析，後續皆以 Data Analysis 為主要單字。

事實上，分析方法由淺入深，從新手到老手，方法非常多，並不因為難易等級，而有簡單的分析不叫分析、困難的分析才叫分析這種區別。不過在初階入門發展到高階專家的過程，卻可能因分析知識及工具的理解範圍變廣，而產生 analysis 或 analytics 的區分，從這角度來看，中間到底有沒有一條明確的界線，就很難說得清了。

如果想進行比較難的料理，例如蒜香蘿蔔燉排骨，嗯……這就使用了比較高級的手法，在資料分析領域，大概就是迴歸分析一類的大學統計學才會教的內容。

由此可知，在書中開頭提到，當我在 google 上搜尋「**什麼是 data mining？**」時，某篇文章裡說的六種分析，並指這六種分析是 data mining：

1. 分類分析（Classification）

2. 群集分析（Clustering）

3. 迴歸分析（Regression Analysis）

4. 時間序列分析（Time Series Analysis）

5. 關聯分析（Associative Analysis）

6. 順序型態分析（Sequential Pattern Analysis）

事實上，這並不是【**資料採礦（Data Mining）**】，而是 mining 後的下一步【**資料分析（Data Analysis）**】才更為正確。畢竟，上面六種分析方法都冠上了「分析」二個字了不是嘛！而且透過上述分析方法能得出的結論，已經到了可以執行操作的地步了，怎還會只停留在「探勘」、「採礦」呢？

> 你鑽石都做出來了啊！還說自己只在採礦？
>
> 把雕刻過程說成是挖礦，不管是雕刻師或礦工，都會不開心的唷～

當然，資料採礦的目標，視使用者下一步要做什麼而定，甚至，資料採礦完的資料，只能讓某個分析方法使用。因此在這例子上，**資料採礦**和**資料分析**二者是密不可分的。

0 門檻！0 負擔！
9 天秒懂大數據
& AI 用語！

這也是小馬認為目前大眾容易混淆之處，覺得好像講 Mining 也說得通、講 Analysis 也說得通，但小馬仍建議了解箇中差異，未來一旦自己執行操作，才會清楚自己正處在哪個階段，及自己做這件事的目標為何？這是釐清專有名詞的重要目的。

話說回來，我們講得極端點……

跳過資料採礦，能不能做分析？

當然可以！當然可以把原始資料來做簡單直覺地分析。就像是把整隻豬和整根蘿蔔丟進女巫大鍋裡煮，只要有煮熟，能不能吃？當然可以吃！

做完資料採礦，能不能不做分析？

當然也可以！還記得下面這張圖嗎？除了分析，採礦完的資料還有很多出路。還記得我提過某種推薦商品的背後運作模式只停留在資料採礦嗎？

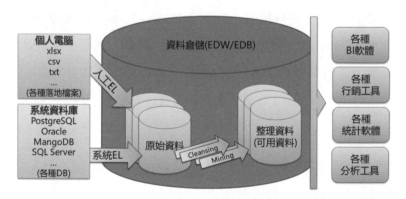

➊ 右邊的「各種」後續動作，說明了「採礦」完的資料，接著並不一定是拿來做「分析」。例如我們取得了目標客戶資料後，直接針對目標客戶發送促銷簡訊，至此已是此份資料的終點，而沒有任何分析過程。

由此可知，**資料採礦**和**資料分析**並不是非得綁在一起不可，但多數狀況下，資料分析所需要使用的資料，都必須經過資料採礦才能得到。

> **資料採礦**和**資料分析**這兩個剪不斷理還亂的一前一後資料處理步驟，可真殺了資料科學家許多腦細胞呢！

往下我們實際進入**資料分析**的階段，會比較沒那麼技術層面，屬於大眾較容易理解的範圍。既然如此，且讓我們先放下蘿蔔排骨湯（畢竟徒弟飛去日本了……），讓小馬以業界實際會進行數據分析的內容，作為說明。

》 分類分析（Classification）& 群集分析（Clustering）

接著將簡單說明一下不同的分析方法，科普一下其中差別。再次重申，本書著重在名詞解釋，故不會深入細談實作。以下我們用「會員資料」做舉例。

▶ 分類分析（Classification）

已經主觀決定出**分類**，例如決定好將會員分成三類：低消費群、中消費群、高消費群。依照消費金額，主觀地將所有會員分進去這三類，主觀地決定哪兩個金額門檻，可以把會員分成三群，例如平均每月消費 999 元以下者為低消費群、1000~9999 元中消費群，10000 元以上高消費群。

0 門檻！0 負擔！
9 天秒懂大數據
& AI 用語！

重點在於四個字：人為主觀。

分類	平均每月消費金額
低消費群	999 元（含）以下
中消費群	1000 元～ 9999 元
高消費群	10000 元（含）以上

⬆ 三類是人決定的、金額門檻也是人決定的。

▶ 群集分析（Clustering）

這項分析可謂博大精深，**群集分析**是一個統稱，實則背後有著各種不同的演算法，也各有優缺點，機器學習的發展就是由此展開的。在此，小馬只有辦法簡述，實無法盡述。

群集分析也是在做分群，例如 K-mean 演算法，是最為人熟知且常用的演算法，透過不同演算法的分析技巧和特性，分析人員在演算法下，可以找出較適合的分類數量（分幾群）。

最終結果可能不是如上分成三類，而是分 A~E 五類，甚至到了最後，分析人員會對於到底要分 A~E 五類還是 A~F 六類而猶豫不決。

但不論分成多少類（多少群），**群集分析**的演算法會直接把所有樣本分進不同的類別（群集）裡，等於是演算法會將分好的會員直接計算出數據，例如 A 群的會員平均消費金額多少、B 群的……等等以此類推，進而去描述不同群會員的相貌。

重點在於四個字：系統客觀。

不管是分群數量或是計算而得的門檻，都不是由人去決定的，而是透過演算法的技術去訂定，人能決定的，只在於選擇哪種演算法，和當演算法跑出幾個很相近的（最佳）分群結果時，要選擇哪一個分群。

分群	平均每月消費金額
A	233 元（含）以下
B	234 元～ 889 元
C	890 元～ 3711 元
D	3712 元～ 8252 元
E	8253 元（含）以上

⬆ 五類是系統演算法決定、金額門檻也是系統演算法決定。

【分類分析（Classification）】是分析者做出人為主觀分類（人主動決定結果）
【群集分析（Clustering）】是演算法做出系統客觀分群（人被動接受結果）

實際操作上，針對不同目標，也不會只有一種分類，例如上述是依照消費金額去區分，應很容易想像，我們還能依照不同的消費屬性做分群。以會員分群為例，最常聽到的就是 RFM：**最近一次消費（Recency）、消費頻率（Frequency）、消費金額（Monetary）**。

甚至，不同商品類別擁有各自的 RFM，因為商品生命週期不同，例如衛生紙兩三個月要買一次、手機兩三年才換一次；不同計算的交易區間（要算一年？兩年？三年？）也會有不同的 RFM。

舉例來說，小馬最近一次逛家樂福買東西是什麼時候？小馬最近一次在家樂福買義美紅茶是什麼時候？這二者都是**【最近一次消費（Recency）】**，會隨著定義的寬鬆內容不同，而可能有不同的答案（當然也可能剛好相同）。

0 門檻！0 負擔！
9 天秒懂大數據
& AI 用語！

同理也可以套用在【消費頻率（Frequency）】，以<u>最近三年</u>的資料來看，小馬總共去家樂福消費幾次？假設 36 次，那平均一年會去 12 次，平均一個月會去 1 次。相對的，如果只看<u>最近一年</u>的資料，小馬總共去家樂福消費了 24次，那數據就會變成平均一年去 24 次，平均一個月去 2 次了。所以隨著觀察區間的不同，我們可能得到截然不同的答案。

【消費金額（Monetary）】就更直覺且容易了，以<u>最近三年</u>資料來看，小馬總共花了多少錢在家樂福？平均一個月花多少？花了多少在<u>義美紅茶</u>上面？

也因此，在談【客戶關係管理（Customer Relationship Management, CRM）】的時候，**RFM** 是最常見的分析元素，也是最常見的資料採礦目標。至於取得採礦完的資料，要使用**分類分析**還是**群集分析**，就得看該產業的特性和文化了。

小馬提醒 在小馬過去職場的經驗裡面，偶爾也曾遇過以這樣定義去交談的人，「分類」兩個字指的是**分類分析**、「分群」兩個字指的是**群集分析**，但由於分類和分群這兩個不同的詞彙並非專有名詞，甚至它很難讓人在第一時間理解上述的區分。

「我們在講的是分群，不是分類。」這還不被人覺得在咬文嚼字嘛！因此，這兩個字，並非小馬著重的「釐清專有名詞定義」的重點。如真擔心混淆，當下多詢問一句：「這個分類分群的門檻，是人決定的還是演算法決定的呢？」就能知道是哪一種囉！

≫ 先群集後分類

「經過我們團隊使用群集分析……也就是 cluster 的演算法技術，我們將會員分成，消費一千元以下的是低消費群、一千到一萬元是中消費群、一萬元以上是高消費群。」想想看，這句話有沒有問題呢？

如果能一眼看出上面這句話問題所在，表示你已經很內行了呢！

首先群集分析算出來的門檻，不會這麼剛好是如此漂亮的整數，如果真的剛好整數，還兩個以上的門檻是整數？真的可以去買樂透了！沒有那麼巧的；其次是……雖然看似吹毛求疵，但這很關鍵……剛好一千元和剛好一萬元的人，是哪群呢？我們在談這些數值，絕對不會有【重疊（overlapping）】的狀況（除非是已經進入小數點好幾位的考量），只要自認夠專業的，對這種細節肯定會留心。

話雖如此，在實際的執行面，通常是「先**群集分析**、再**分類分析**」。

先透過**群集分析**找到系統客觀的合適分群數，並且觀察分群數的門檻落點，舉例群集分析下來看似分成四群最佳，而四群的每月消費金額平均值分別是：755、3288、8960、20133，並觀察這四群的人數。

等於是已經有一個可以進行**分類分析**的人為主觀參考依據，於是人們就能決定：「好！分成四群，區間大概就抓：1999 以下、2000~5999、6000~14999、15000 以上。」

0 門檻！0 負擔！
9 天秒懂大數據
& AI 用語！

幹嘛不直接用群集分析完的數據和門檻就好？要自己再分類過？

大概有三個原因：

一、無法證明強度：沒有證據可以證明，分群分析切出來的原始效果會比重分類的效果還要好（實際上已相去不遠）。畢竟數據一直在變，下個月重新做一遍分群分析，又會跑出不一樣的分群切法。

二、執行面的困難：如果要完全按照分群分析的切法，等於每跑一次分群分析，就得重新訂定一次會員達標門檻，實際執行不可能朝令夕改呀！例如八月公布「近三個月消費滿 15000 是白金會員」、九月公布「近三個月消費滿 18000 是白金會員」、十月公布「近三個月消費滿 20000 是白金會員」，裝肖喂！你這客訴電話還不被消費者打爆嗎？

三、老闆們看不懂：對於高階主管，不可能在他面前解釋統計學、更不可能在會議上「彷彿要教導他統計學」。

對話只會變成這樣……

老闆：「為什麼你的白金會員門檻是 13,277 ？幹嘛不抓個一萬五或一萬三？」

小馬：「這是我們運用分群分析做出來的最佳結果。」

老闆：「分群分析我知道啊，大數據嘛！那你們怎麼做？」

小馬：「我們是用 K-mean 去跑的。」

老闆：「那是怎麼跑的？怎麼跑出一個這麼不符合人性的數字呢？」

小馬：「它是用算距離的概念⋯⋯」

老闆：「什麼距離！你現在薪資和你期望薪資的距離嗎？」

好啦⋯⋯為了避免小馬書寫完未來找不到工作，必須很客觀地說明一下。

老闆其實講得沒錯，是因為**「抓整數當門檻」**已經是一個根深蒂固不可改變的思考，因為能實際執行操作才是最重要的。背後可以有各種演算法去支持，但無論如何到了最後，仍必須透過人工的方式調成整數。

老闆想法蠻單純的，也很容易理解，就是「整數這件事不能變」，但又必須用到最新流行的各種統計學方法做出來，而且會認為我們作分析的當然要知道這兩個重點，怎會不知變通，拿著原始的統計值想來訂定門檻？所以生氣囉！

也因此，變通之下，前面說的「先**群集分析**、再**分類分析**」，已經是業界普遍進行的模式了。

≫ 迴歸分析（Regression）

舉例每個會員有三個變數：

A. 瀏覽筆電商品頁面的次數

B. 瀏覽保健食品頁面的次數

C. 筆電商品的消費金額

迴歸分析主軸，在於瞭解變數間的關係，例如我們預期 A 越高，C 就越高；預期 B 無論高低，都與 C 無關。而**迴歸分析**，就是會跑出統計值，告訴我們是否真如預期。當然，統計跑出來的結果，很可能和直覺狀況不符合。

同理，**迴歸分析**也是一種統稱，背後有各種不同的迴歸方法，如上舉例，可拿 A 和 C 跑一次迴歸、拿 B 和 C 跑一次迴歸，各跑一次總共跑兩次就是了，這種單一個變數的稱為【**簡單迴歸（Simple Regression）**】。

那不簡單的是怎樣呢？就是對於某個結果，拿兩個以上的變數同時執行，例如把 A 和 B 同時拿來跑看看哪個變數與 C 有關，跑一次而已，這種稱【**複迴歸（Multiple Regression）**】。

除此之外，變數的相關不一定是【**線性（Linear）**】，例如原本是一根蘿蔔 20 元，五根蘿蔔 100 元；非線性像是賣菜阿姨，第二根賣你 16 元、第三根賣你 13 元、第四根賣你 10 元……，因而還有例如【**對數線性迴歸（Log-Linear Regression）**】、【**邏輯迴歸（Logistic Regression）**】等等。

但再細談下去，例如解釋什麼時候要跑兩次、什麼時候可以一起跑跑一次就夠？哪種情境要用哪種迴歸方法？這還必須説明一些變數的限制，包括一致性、不偏性、自我相關、線性重合等等，就真的往統計學課本裡去了，不是本書重點，因此現階段，只要知道以下即可：

▌迴歸分析，在於瞭解變數與變數間的（正負）相關性。

小馬提醒

統計分析的結果，只在告訴人們變數的相關，而非告訴人們變數的**因果**。以上述為例，我們只知道「A. 瀏覽筆電商品頁面次數」和「C. 筆電商品消費金額」有明顯的正相關，但並不代表：<u>因為常常瀏覽筆電頁面，所以去買了筆電。</u>

【時間序列分析（**Time Series Analysis**）】，同樣是釐清變數之間是否具相關性，只是變數的重點變成是「**時間點**」，例如每個會員有三個變數：

> 甲、瀏覽筆電商品頁面的時間點
>
> 乙、瀏覽保健食品頁面的時間點
>
> 丙、筆電商品的消費時間點

舉例我們都知道甲**發生完沒多久**，應該會發生丙；至於乙和丙的時間發生先後則應毫無關係。

相較於迴歸分析，此分析方法考量時間先後與間隔長短，更為繁複，資料準備也必須下更多心思，要能以**時間序列分析**料理的食材，絕對必須透過**資料採礦**過，而不單純只是**資料清洗**乾淨而已。

同樣，我們該怎麼定義甲叫做「**發生完沒多久**」？是指甲和丙的時間點差距一天？三天？一周？一個月？兩個月？那兩年還算不算？三年還算不算？誰來決定相差超過多久不算，相差多久內要算？

這就是**時間序列分析**在做的分析內容，我們希望得到類似這樣的結論：大部分的人，在瀏覽完筆電頁面後的三天內會購買筆電，因此可以找出剛超過三天還沒買的會員，推測這些人可能即將不打算買了，再針對這些人做些促銷，重燃他想購買的念頭。這也是**時間序列分析**在實務上的實際用法。

≫ 廣告是種藝術、促銷是門科學

有些事情，思考該如何做的時候，不妨回憶曾存在於學理基礎上的內容。有時候數據分析的目的，是重新幫我們確認教課書上說的……是真的！

0 門檻！0 負擔！
9 天秒懂大數據
& AI 用語！

例如有人會問，**為什麼不針對還沒超過三天的人促銷？**要知道，促銷，就是降低商品毛利或是增加行銷費用，如果已經知道人大概要考慮三天，卻急著在三天內就對這個人行銷，造成的可能只是讓「本來就要買的人撿到了便宜」，而不是讓「不買的人因為促銷而決定購買」。

延續此議題，這邊要來談一個經濟學課本上的專有名詞：

| 需求彈性（Price Elasticity of Demand）

……欸等等先別把書本闔上啊！

這邊絕對不會要導公式、也不會講一些很學術用語的內容，保證簡單易懂。

需求彈性的概念，即是用在價格的調低調高之上，先很簡單想件事情：

| 當降價後，交易人數變多了，是一件好事嗎？
| 和降價前，交易人數較少時，相比，交易人數多一定比較好嗎？

舉例如下：

| 原本價格是 100 元，有 10 個人來購買，你的營收是 1000 元；
| 現在價格降為 90 元，有 11 個人來購買，你的營收是 990 元。
| 交易人數變多了，但營收卻變少了！

上述還沒考量商品成本多少喔，我們假設成本 80 元：

| 原本利潤是有 20 元，有 10 人來購買，利潤是 200 元；
| 現在利潤降為 10 元，有 11 人來購買，利潤剩 110 元。
| 當利潤降為 10 元，必須有 20 人來購買，利潤才會回到 200 元。

這數字很可怕在於，明明只是對商品打 9 折，卻必須吸引原本交易人數的 2 倍，才能做到原本的利潤。因為實際上，我們是對這件商品的利潤打了 5 折啊！

明明來購買的人比平常更多啊！
怎麼沒賺更多錢呢？

這就是**需求彈性**的初衷，它要告訴我們：降價不一定有利，反之提高價格也可能獲利更多。必須含淚地老實說，這是小馬我大學加研究所在學的課程裡面，極少數在出社會後學以致用的內容……

而這個實用性也發生得很離奇，小馬初踏入社會之際，本來以為一間公司對於一項商品該訂什麼價格，背後應該是有學理基礎的，殊不知映入眼簾的，是業務單位極盡所能的要求商品單位降價（毫不在意利潤，只求賣出的單件數），商品單位極盡所能的堅持不要降價，於是雙方砲聲隆隆、好不熱鬧……

「你訂這種價格，根本沒有人會買，還不降價！至少打個八折，或少個一千元嘛！」

「打八折賣一件賠一件，現在價格買的人少不代表市場差，降價是不得已才做的事！」

而背後，沒有任何數據分析，有的只有：人為經驗判斷。

0 門檻！0 負擔！
9 天秒懂大數據
& AI 用語！

但或許，兩造雙方的拔河角力之下，確實將商品價格訂在了一個非常合理的數字？人為經驗沒有對錯，說不定更準。

只是當時小馬心裡默默想著：這真是太不科學了……

還好小馬從業務單位起步發展，有幸把「需求彈性」的概念給帶進去，並多次準確預測降價後的交易量。時隔一兩年發酵後，終於業務單位和商品單位不再那麼劍拔弩張，業務單位的要求降價也顯得經過理性計算，不再無腦無理由的片面要求促銷折扣。

需求彈性也算是發揮了點作用，善哉善哉。

≫ 關聯分析（Associative Analysis）

【關聯分析（**Associative Analysis**）】和【順序型態分析（**Sequential Pattern Analysis**）】，差異只在於後者加入時間先後當考慮。

> 【迴歸分析】加入時間因素變成【時間序列分析】
> 【關聯分析】加入時間因素變成【順序型態分析】

用這方式理解，是否簡單多了呢？

這二種分析又常被稱為**「購物籃分析」**，因為最常用的概念就是：什麼商品最常被一起購買？哪個商品先被購買後，哪個商品會被接著購買？

近年來越來越流行關聯分析，逐漸取代掉了迴歸分析，在於關聯分析使用的統計值，非常容易理解、也很容易解釋，既直覺、又不失統計方法之姿；相較於迴歸分析那怎麼解釋都解釋不清楚的顯著水準、p-value、R-square，關聯分析確實親民多了。

最容易理解的方式，是透過二個商品組合，開始著手，如果一剛開始接觸，就考量多項商品，例如 ABCDEFG 七種商品被一起購買之後，這個人 100% 會去買 Z 商品（以為是七龍珠嗎⋯⋯）。這種過程就太為複雜，從一對一的二商品開始，基礎才夠踏實，要延伸也才能理解自己到底在做什麼。

往下我們開始舉例：

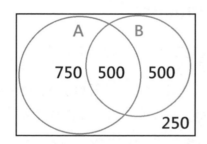

⬆ 先以二商品組合，商品 A、商品 B 開始討論。

全部訂單：2000 筆

購買商品 A 的訂單：1250 筆

購買商品 B 的訂單：1000 筆

同時購買商品 A 和商品 B 的訂單：500 筆

有購買商品 A 但沒有購買商品 B 的訂單：750 筆

沒有購買商品 A 但有購買商品 B 的訂單：500 筆

沒有購買商品 A 也沒有購買商品 B 的訂單：250 筆

0 門檻！0 負擔！
9 天秒懂大數據
& AI 用語！

◉ 支持度（Support）

於【全部訂單】(2000) 中，【同時購買商品 A 和商品 B 的訂單】(500) 的比例
（500/2000=25%）。

支持度（Support）為 25%，數學公式以交集來表示：

$$P(A \cap B)$$

很容易想像，當支持度越高，表示同時購買 A 和 B 商品的狀況越多，A 和 B
商品的關係越強。

◉ 信賴度（Confidence）

信賴度有兩個！信賴度有二個！信賴度有 2 個！

在已確定【購買商品 A（先決條件）的訂單】(1250) 中，【也選擇商品 B（次
要條件）的訂單，換句話說也就是同時購買商品 A 和商品 B 的訂單】(500)
的比例（500/1250=40%）。信賴度（Confidence）為 40%，數學公式以條
件機率表示：

$$P(B \mid A)$$

在已確定【購買商品 B（先決條件）的訂單】(1000) 中，【也選擇商品 A（次
要條件）的訂單，換句話說也就是同時購買商品 A 和商品 B 的訂單】（500）
的比例（500/1000=50%）。的信賴度（Confidence）為 50%，數學公式以
條件機率表示：

$$P(A \mid B)$$

可以發現不同的先決條件，信賴度不同。由上可知，信賴度代表著商品購買關係的**方向**，上例中，買 A 的人有 40% 去買 B、買 B 的人卻有 50% 去買 A，因此若我們想讓「從來沒買過 A 和 B 的人」去「購買 A 和 B 二種商品」，那我們應該先推薦這樣的人買 B。

小馬提醒　儘管從信賴度**方向**的角度來說，是這樣的結論（先推薦信賴度高的商品），但從 A 和 B 各自的訂單數（A 和 B 的圓圈大小）也可以發現：或許是因為 B 比較難被推薦（大家比較少買），A 比較易於被推薦（大家比較常買），才導致這樣的現象。

也因此信賴度的使用沒有標準答案，見仁見智，如何活用，仍必須視分析者的經驗及所在產業特性。

▶ 增益率（Lift）

先不要看數學公式，除非資質很好，否則只會更加混亂，也不容易搞懂原理和為什麼要這樣算。直接看我以下這樣推論比較容易理解，務必理解每個編號的邏輯，弄懂後，再看下一個編號。

1. 全部訂單 2000 筆，購買 B 的有 1000 筆，B 佔了 50%。

2. 那麼，當我現在從 2000 筆中**隨機**抽出 1250 筆訂單，購買 B 的應該要有幾筆？

3. 照道理來說，推測應該要有 50%，625 筆，對吧？

4. 結果看下去，為什麼只有 500 筆！為什麼只有 40%？

0 門檻！0 負擔！
9 天秒懂大數據
& AI 用語！

5. 這個預期的 50% 當作分母，實際的 40% 當作分子，40%/50% = 0.8 就是 Lift 值。

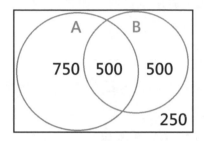

⬆ 購買 A 的共有 1250 筆訂單，其中有 500 筆購買 B。

6. 原來，1250 筆不是隨便抽的，而是購買 A 的那 1250 筆訂單（上圖左邊圓圈範圍）。

7. 可見，相較於正常狀況，我們原本預期 1250 筆裡面要有 625 筆購買 B。

8. 卻因為購買了 A，導致只剩下 500 筆購買 B。

9. 表示購買 A 的人，會比較不想去買 B，即是 Lift 值的概念。

好吧，如果你真的想看數學公式，那它長這樣：

$$\text{Lift}(A, B) = \frac{P(B|A)}{P(B)} = \frac{P(A|B)}{P(A)}$$

以上述的例子就是：

$$\text{Lift}(A, B) = \frac{P(B|A)}{P(B)} = \frac{500/1250}{1000/2000} = \frac{0.4}{0.5} = 80\%$$

而 Lift 值有趣的地方在於，就算相反過來，從 A 的角度看起來**也會得到一樣的答案**：購買 A 的訂單是 1250 筆，佔全部的 62.5%，但 1000 筆購買 B 的

訂單中，只有 500 筆購買了 A，只佔了 50%；預期的 62.5% 當分母，實際的 50% 當分子，於是可以得到相同 80% 的答案。

$$\text{Lift}(A, B) = \frac{P(A|B)}{P(A)} = \frac{500/1000}{1250/2000} = \frac{0.5}{0.625} = 80\%$$

在原本定義下：

Lift < 1，表示 A 的出現與 B 的出現是負相關。

Lift > 1，表示 A 的出現與 B 的出現是正相關。

Lift = 1，表示 A 與 B 為完全獨立個體無相關。

但是，透過上述可發現，哪這麼剛好 Lift=1 ？剛剛好 625 筆才會 Lift=1，626 筆就大於 1、624 筆就小於 1 啦！難道這中間都不會有抽樣誤差啊？所以這也是關聯分析較為人所詬病及爭議之處，到底考量抽樣誤差之下，界線應該抓到哪呢？目前以小馬業界經驗，因為考量抽樣誤差，較常看到的是：

Lift < 0.8，表示 A 的出現與 B 的出現是負相關。

Lift > 1.2，表示 A 的出現與 B 的出現是正相關。

介於 0.8~1.2，表示 A 與 B 為完全獨立個體無相關。

在理解這三個統計值：**支持度（Support）**、**信賴度（Confidence）**、**增益率（Lift）**，的背後運算方法後，要怎麼使用，完全見仁見智，有人認為 support 要超過 10% 才有意義，有人認為 confidence 要超過 30% 才有意義，也有人認為 lift 要超過 2 才是正相關、或獨立間距只需要 0.9~1.1。所以，在已經知道背後的概念之後，如何使用這些統計值，**師父領進門、修行在個人**囉！

0 門檻！0 負擔！
9 天秒懂大數據
& AI 用語！

最後，也不要覺得這個分析好像很厲害，事實上，關聯分析大部分的結果，都是你我已經知道的事情，例如：

買【手機】的同時會買【保護貼或行動電源】

買【筆電】的同時會買【無線滑鼠】

買【鏡框】的同時會買【鏡片】……（簡直廢到笑）

你能想像大老闆們，心裡想著「啤酒尿布」，想著 Big Data，花了大筆資金，結果我卻告訴他**買鏡框的人也會買鏡片**，他會不會火冒三丈？

但坦白說，要奇葩到出現「啤酒尿布」這麼不相關的商品組合是很困難的。這麼說吧！從古至今除了「啤酒尿布」這個經典案例，你腦海還想得出第二種組合嗎？不過我的團隊夥伴，曾經做出一個類似的結果過，那是：

「抗菌洗手乳」和「親子遊園票券」

是不是很有和「啤酒尿布」一樣的感覺？

小馬提醒

這個章節，如果一時之間仍無法想清楚關聯分析三個統計值：支持度、信賴度、增益率的意義，小馬建議可以慢慢看、多看幾次，一遇到沒辦法立刻理解的敘述，稍微停下來思考一下。

很多學習無法急就章，尤其若沒有相關背景基礎，確實容易一句話卡關，後面就全面放棄理解。如果這個章節有讓你想跳過想忽略不想知道的念頭，聽小馬一句：不要放棄！

》 資料分析完只是個開始

分析完的結果，決策單位敢拿來用嗎？

以下憑空舉例，如有雷同，純屬巧合。

舉例某手機通路產業，因為 HTC 手機銷售量下滑，庫存乘載過高，想透過數據分析找出解決之道……於是分析單位給出了這樣的分析結論：

┃ 「進店時身穿紅衣服的人」與「購買 HTC 手機」有非常顯著正相關。

0 門檻！0 負擔！
9 天秒懂大數據
& AI 用語！

當這個結論在公司內部會議被呈報時，有沒有人敢做決策？有沒有長官敢說：「這個分析結果太優秀了！馬上佈達給門市，只要看到穿著紅衣服的顧客上門，向他推銷 HTC 手機，成交機會大！」

縱使真有長官敢做這項決策，門市人員，輕則耳語疑惑，重則大罵「總部幕僚的腦袋是他馬兒的有問題嗎！」應該是可以想見的事情……

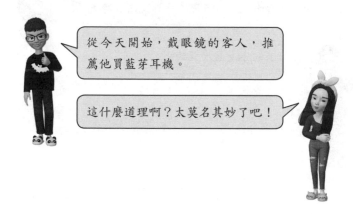

分析完的結果，顛覆了過去慣用做法，會被採用嗎？

以下憑空舉例，如有雷同，純屬巧合。

就像前文提到的需求彈性後續發展，也只不過改變了業務單位和商品單位的溝通情緒，卻沒辦法讓商品單位照著分析建議的方式去進行訂價。

當現在分析單位能準確預測降價後的成交量，甚至不只是訂價，還包括進貨，因為分析做到了可以預測新商品在接著幾週內的銷量，若能按照此分析，不僅降低庫存壓力，也能讓缺貨狀況減少。

為什麼商品單位不照著分析做？

如果照著分析，且確實做到了「降低庫存壓力，缺貨狀況減少」，那⋯⋯不就證明過去這些商品經理，根本都可以被數據分析給取代掉？也證明過去他們所做的方式，無論是進貨數量或是商品訂價，根本不夠正確。有誰會笨到真的照著分析做，來證明**自己比不上數據分析**呢？

> 嘿！我告訴你，我發現有個機器人，會做所有我會的工作呢！而且還比有二十年經驗的我做得還好喔！要不要用這個機器人取代我呢？而且還不用發他年終喔！

但當「抗菌洗手乳」和「親子票券」共同購買的結論，發生在年紀約莫落在30~40 歲的族群時，決策幕僚卻會大感欣喜，迫不及待的想推出「抗菌洗手乳 + 親子票券」的商品組合；而接收指令的執行者，也會對這個組合的發現感到欣然接受。

> 明明都是數據分析的結論，為什麼態度會差這麼多？

≫ 大家想看到的分析

都是數據分析的結果啊？能接受「洗手乳和親子票券一起被購買」的結果，卻對「買鏡框的人會一同購買鏡片」的結果嗤之以鼻？關鍵就在於……

> 有沒有辦法被解釋？
> 有沒有因果關係？
> 還有……大家是不是早就知道這件事？

啤酒尿布，美國的 Walmart 超市調查後發現顧小孩的爸爸順手拿了這個組合；抗菌洗手乳和親子票券，我們想像了剛結婚不久的年輕族群，網路購物傾向較高，且家裡可能剛育有兒女。

因為能想像並解釋，所以我們接受了分析報告的結果；但弔詭的是，統計分析所做內容，並不是在「解釋」這些事是否合理、是否有因果，而僅僅只是從數據上來看，是否有正負相關罷了。

於是我們這些數據分析人員，做到最後，終將發現一種非常無奈的狀況，在於一個大家認為**「有效」**的分析、老闆想要看到的分析，必須具備以下三個要件：

1. 數據支持：統計數據上要有關聯，俗稱的「有證據可以證明……」。
2. 大家不知：這個關聯並不是大家早就知道的關聯，例如「買鏡框會買鏡片」這種廢話。
3. 可以解釋：這個關聯必須要能被大家想像後認為合理並接受，例如穿紅衣服的人買 HTC 大家覺得無厘頭而不接受、不敢決策執行。

一切的盲點就是，並不是只做了「1. 數據支持」就完工了，還必須滿足 2 和 3 的條件，你才真的做出了**「大家（老闆）認為你該做出的分析報告」**，甚至你還面對了更嚴苛的挑戰：

4. 政治議題：你有沒有考慮過，這個數據分析所帶來的改變，會影響到誰？甚至造成誰的損失？

證明了商品經理不如數據分析、證明了公司可以多省 1200 萬但害得老闆朋友少賺 1200 萬，有人能幫你擋下隨之而來的負面反彈、甚至藏在深處的暗算嗎？

前車之鑑於此，盼同行謹言慎行，小心為上。有些分析，有的人想要你做，有的人恨不得你趕快消失。

》 小節摘要

資料分析（Data Analysis）：

蘿蔔排骨湯

處理為了料理目標所準備的食材，透過不同的料理方式，產生不同的最終料理。

資料領域

處理為了分析目標所準備的資料，透過不同的分析方法，得出不同的分析結果。其中，統計學上最常被用於分析的方法有三種：分群分析、迴歸分析、關聯分析。不過，得到分析結果只是最基本的門檻，往後還必須考慮許多相關因素……

0 門檻！0 負擔！
9 天秒懂大數據
& AI 用語！

小馬閒聊 04

大概發生在小馬入行三年多左右。

針對商品銷售作檢討的會議，至今仍歷歷在目。在座分別是掌管 A~Z 不同商品類別的各商品經理，就在我正說道：「由此可見，A 商品類，效益毛利率 28%；B 商品類，效益毛利率 43%……」

A 商品類的經理，立刻豎直身體拍桌怒道：「你這數字根本有問題嘛！A 商品類和 B 商品類的毛利率差不多，怎麼可能只剩 28%？這數字一點意義都沒有！」這突如其來的暴怒讓小馬我只能像人形立牌般僵在台上。

「我一個商品 A 售價兩千，毛利八百，這毛利率就是 40%，你知不知道毛利率怎麼算啊？真搞不懂你們這群作分析的，基本觀念都沒有，搞什麼看似高深學問的統計學，不要誤導人啦！」

A 經理怒氣勃勃，他回坐時椅背發出「嘎乖」的不悅聲響，彷彿也承受著 A 經理的情緒而抱怨著，坐下後的他繼續吼著：「門市損平的議題，在於費用率太高，門市首要目標是降費用率，費用率一旦低於毛利率，我現在每賣一台就賺錢，量賣多賣少一點關係都沒有！」

小馬我轉轉眼珠望向與我一同前來的直屬長官。我老大坐在最後排，頭微仰，雙手交叉於胸前，彷彿藐視著所有在座其他人一般。只見他微微往右搖了兩下頭，是「不要跟他爭辯」的指令。小馬我只得收下，向不知是因羞愧或憤怒而滿臉通紅的經理回：「經理您說的是。」

趁著走回辦公室的時候，我無奈地問我老大，還刻意壓低音量：「老大，A 經理講那什麼鬼理論……

$$費用率 = \frac{營業費用}{營業收入}$$

要降費用率，要嘛分子（營業費用）降低、要嘛分母（營業收入）增加。但一間店的用人和租金占了九成五的費用是固定的，營業費用無法說降就降。問題就是出在營收提升不了，所以才去檢討新商品的銷售量不夠，我在談的是商品本身和其週邊商品能帶來的總毛利效益，會議一開始我就已經講很清楚了，又不是單純談商品的毛利率……」

老大耐心聽至此才擺手打斷：「我當然知道，但你有個問題。」小馬我心頭一凜。

「我們啊……在公司存在的意義，不是要告訴大家我比你高竿，不是，」老大正色強調，「我們要達到的目的，是要讓對方知道問題後改善，注意，重點是知道後改善，不是停留在知道問題而已。你也知道我們沒有實權，只能告知問題並試圖導正，但以你今天的報告方式，直接點進 A 經理痛處，他的防禦機制被你觸動了，他就不會去試圖改善問題。這樣一來，你報告豈不是白做了嘛！」

簡直醍醐灌頂，老大還補了句：「**歡迎來到大人的世界。**」

數據分析越厲害，就能拿到公司越多的數據，當拿到越多的數據，就越會分析出一些「不該被分析出來的事情」。在進行這項分析時，沒有人意識到這中間有什麼利害關係，畢竟當時大家都還太單純、太沒心機，就覺得喜歡數據、也擅長分析，做就做，不會想這麼多。老大也沒想過

0 門檻！0 負擔！
9 天秒懂大數據
& AI 用語！

這火會反燒自己。

以下憑空舉例，如有雷同，純屬巧合。

老大在針對公司全部人使用的「早餐補助」做調查，他希望在「降低早餐補助預算」的同時，一樣能讓全公司的人開開心心吃早餐。換句話說，他想要為公司節省一些費用支出，但又不希望有太負面的影響，這麼用意良善的他，怎麼都沒想過，會是造成自己失業的開始……

於是，大家拿到每個人每個月的早餐補助費用資料，開始做數據分析，於是發現，大家都在同一間早餐店吃早餐。雖然有的人每個月花不到 1000、有的人每個月花超過 3000，但平均下來，大概每個人每月會開銷 2200 元的早餐，當然，這早餐錢完全由公司出。公司真是佛心來著呢！

再接著，老大很快就發現，有一個「早餐月卡方案」，只要 1800 元，公司每人每天就有 100 元的額度可以點早餐來吃，條件是全公司的人都必須辦理此月卡。雖然對於只花 1000 元的人不划算，但對於平均 2200 元的狀況來看，算下來，每年公司可以省將近 1200 萬的費用，以淨利率 3% 計算的話，相當於賺取三億以上的營收，非常可觀！

在此之前，老大也向他老闆提過要做這件事，老闆並未多說什麼。最後經大家反覆試算後，確定可行，於是向上呈報。由於立論清楚、數據正確、邏輯脈絡完整，於是案子核准通過，開始執行「早餐月卡方案計畫」。

計畫還在進行中，消息就已經出來，要老大包包收收離職走人。

剛開始還一頭霧水的老大，開始明查暗訪，這才終於發現……原來……

自己公司老闆和早餐店老闆是知交！

這個分析，使得早餐店老闆每年少賺了 1200 萬。

於是，公司老闆為了向自己的好朋友交代，將老大推了出去。

被自願離職前的最後一頓飯，老大顯得忿恨不平，那段話我一直記得：「我又不是什麼正義魔人，有這層關係，我當初說要做這案子的時候，老闆明示暗示都好，我又不是第一天出社會，自然明白這種利益交換，什麼也不表示，只說要做去做，誰知道啊！」不過是憑空舉例的，有什麼好記得那麼清楚的呢？或許是夢到的吧！

MEMO

資料處理回顧與起源

📢 資料處理的完整回顧

📢 起源：資料誕生與成長過程

📢 先有資料才有資料處理

0 門檻！0 負擔！
9 天秒懂大數據
& AI 用語！

≫ 資料處理的完整回顧

讓我們很快的回顧一下：

A. 資料誕生與成長過程（蘿蔔和豬誕生及被養大的過程）

B. 資料收集與處理過程（蘿蔔和豬被送廚師手裡，最後做出湯的過程）

C. 資料產生的後續影響（喝湯的人有沒有掛急診的過程）

▶ B-1. 資料匯入（Data EL）：

蘿蔔排骨湯： 在找到所有食材原料所在之後，只載運完整的原始食材，將其運送到集中地，以利後續處理。

資料領域： 在找到所有原始資料之後，提取完整的原始資料（E），將原料運送（L）到同一存放位置也就是資料倉儲（Data Warehouse），以利後續處理。

▶ B-2. 資料清洗（Data Cleansing）：

蘿蔔排骨湯： 清洗完整食材，將食材分為可吃及不可吃，將可吃的保留、不可吃的聚集在一起，看接著要清洗掉或去除。

資料領域： 處理原始資料，決定心目中應該呈現的資料長相，將資料分為可用及不可用（不可辨識／雜亂資料／骯髒資料），將可用的收斂歸戶歸類，將不可用的歸納成同一類（且最好指定這類的型態是 null）。

B-3. 資料採礦（Data Mining）：

蘿蔔排骨湯：處理【已經清洗完畢的完整食材】，視要做出什麼料理，把完整食材處理成符合該道料理的必要食材。

資料領域：處理【已經清洗完畢的乾淨資料】，想清楚資料將被運用的方向和目標，運用所有乾淨且可用的資料，透過邏輯判斷或交集聯集等運算，整理並定義出即將被使用的資料。

B-4. 資料分析（Data Analysis）：

蘿蔔排骨湯：處理為了料理目標所準備的食材，透過不同的料理方式，產生不同的最終料理。

資料領域：處理為了分析目標所準備的資料，透過不同的分析方法，得出不同的分析結果。其中，統計學上最常被用於分析的方法有三種：分群分析、迴歸分析、關聯分析。不過，得到分析結果只是最基本的門檻，往後還必須考慮許多相關因素……

事實上，**資料清洗**和**資料採礦**做的事情，正是資料匯入（ETL）有提到過的【Transform（轉置）】所涵蓋的範圍，你看看，**T** 這麼複雜的技術過程，活生生被我拆成了兩個階段來解釋，在最初，竟然和 **EL** 這麼簡單的兩個小過程擺在一起並稱為 **ETL**？

時代進步、資料科學領域精進，小馬期待未來，各專家能別再 ETL 一詞帶過所有步驟，它是三個清清白白條理分明的先後步驟：資料匯入、資料清洗、資料採礦。當然，我知道也會有人把 ETL 稱 ELT，並將 T 解釋成資料整理的階段，但若以工作負荷的比重下去看，T 都不應該與 EL 放在一起並稱。

0 門檻！0 負擔！
9 天秒懂大數據
& AI 用語！

小馬提醒

小馬我能理解現在大家常稱的【ETL】，已經越來越單純指資料傳輸的過程，而這過程確實也已經沒有 T 的工作（資料處理比較進步的公司）。可是交談時若單純講【EL】二個字，對方也會不知道我們在談的是資料傳輸，這怎麼辦呢？

小馬在交談開始時，經常會先講一遍**「沒有 T 的 ETL」**，有理解 ETL 是拆成三件事的人，可以馬上理解並會心一笑，並認同地說「是」；沒能理解 ETL 是三件事，還以為 ETL 就是資料傳輸單字的人，可能無法意會，那也無妨，接著繼續講 ETL，總之雙方都會知道談的是資料傳輸，而這中間沒有包含對資料的處理過程。

只是當然，小馬期許有朝一日，大家能很順利地以「EL」去交談。

ETL。

資料傳輸！

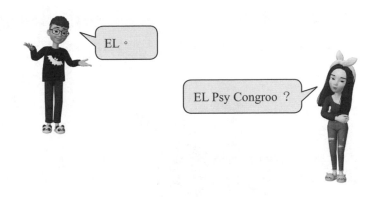

》起源：資料誕生與成長過程

▌ A. 資料誕生與成長過程（蘿蔔和豬誕生及被養大的過程）

A 階段完全是資訊人員的專業領域，裡面用到的專有名詞，也幾乎不會被非資訊背景的人誤用或濫用，因此 A 階段在本書的篇幅，不會像上半場那樣，細細地說明每個專有名詞實際的正確用途，只會概念性的，同樣以蘿蔔和豬，去做譬喻解釋。

還記得在「資料清洗」時，那個<u>不男不女</u>的圓餅圖嗎？每每同行討論到類似的議題，最常聽到這樣一句話：**「你那是 AP 端的問題，叫 AP 端改啊！」**

▌ AP 端：應用程式伺服器，Application Server, AP Server, AP。
即資料被使用者輸入的階段。

概念上來說，AP 端就像是蘿蔔農地與飼養豬的農場。

如果農場主人很勤奮，對於每隻豬細心呵護，豬隻吃好睡好，健健康康，一旦豬隻養大，經載運車送走後，只進行簡單清洗就能繼續後續動作。

⬆ 健健康康乾乾淨淨的豬（圖片取自網路）

但萬一農場主人很懶惰，年資很深……呃不是……年紀比較大，眼睛也不太好，分不太清楚豬是死的還活的（喂～這應該不只是眼睛不好吧……），也不知道有沒有感染豬瘟，豬因為環境太差弄得身上都是糞便而黑黑的，農場主人還以為只是太陽曬太多……

⬆ 疏於照顧骯骯髒髒的豬（圖片取自網路）

這種條件的豬隻載去市場後，負責接手清洗的人當然會幹聲連連。

套回實際狀況，舉例來說，某個網站申請會員時，請我們填上性別，可以想像一下，如果它不是設計成【男／女】二選一的單選，而是一個長條空格，像是填寫詳細地址那樣的輸入方式，可以自由讓我們輸入。

這後果應不難想像，這系統收到的性別資料，就有可能長得像資料清洗該章節舉例的那樣，裡面有著地址、手機號碼、打錯字的男姓、Femael……各種稀奇古怪，對吧？

農場主人如果願意好好照顧豬隻，豬隻能健健康康乾乾淨淨，市場裡負責清洗的人當然樂見。資料輸入端如果可以防呆，願意把性別設計成二選一，處理資料的人當然樂見。

但當這發生在一個具規模的大公司裡，當處理資料的人發現這事反映回去給 AP 端時，改不改是一回事（有時還牽涉部門權責和政治問題），改版過程和壓力測試，所帶來的風險和排擠其他案子的效應，通常會讓大家不敢動作。因此上頭決策下來，都是請處理資料的部門吃下來。

就像是當我們禮貌詢問那懶惰的農場主人，為什麼豬是這種狀況時……

農場主人很不屑地回應道：「搞什麼？我一秒幾百萬上下，很忙的你懂不懂？叫我去改善豬的環境？不爽不要載走啊。」

「唉，算了算了，反正那些豬你們還是有辦法處理？對吧？只是費點心思清洗一下而已嘛！」市場老闆這麼說。

需要拿資料去分析的是你們，不爽不要來拿資料啊！

0 門檻！0 負擔！
9 天秒懂大數據
& AI 用語！

小馬初入行時對這種現象還很感冒，但隨著年紀增長，會覺得從大局評估，由資料處理端去下語法解決掉，確實風險最低，就是麻煩了點，但反正公司養我們在這，就是做這些事情的嘛，當作工作本份吧。

再退幾步來看，這些雜亂資料，縱使 AP 端克服萬難改完了，這些歷史資料難道我不用嗎？我還是得用啊！那幾條處理的語法，我還是得下啊！

就像是為了處理那些問題豬隻，已經建立好完善的清洗區和防疫區，裡面也進駐了專業人士，縱使懶惰的農場主人現在回頭是岸般的大澈大悟，難保其他農場不會有相同狀況，故並不會因此撤除已建置完的清洗區與防疫區，是同樣的道理。

》 先有資料才有資料處理

上個小節是以資料處理人員的立場去看，難免顯得收資料的人彷彿不可理喻。不過實際上，無論學術單位、研究機構、公司行號等等，都是「**反正先把資料收下來，後面要處理，等真的要用的時候再說**」。

這作法原則上沒有問題，也屬於資料演化過程中，不可避免的環節。

就像是我們可以用更寬一點的心情去看，縱使農場主人懶惰，但至少他還是把豬交給了市場，而不是連一頭可以賣的豬都沒有。

「巧婦難為無米之炊」，不論資料如何地不乾淨，如何地需要費工夫處理，也是因為最前頭有人將資料收了進來，往後才有我們資料處理人員存在的意義，更往後也才有越來越多的資料，越來越多的數據，而發展出：【**大數據（Big Data）**】。

小馬閒聊 05

本書改編自【2019 iT 邦幫忙鐵人賽】，小馬我在【AI & DATA】組拿下佳作的【AI 無法一步登天，讓我們先從專有名詞定義開始】。30 篇系列文。

iT 邦鐵人賽到我參加的這屆已經是第十屆，規則是每天最少 300 字，連續 30 天不能中斷。這屆總計 523 個參賽者或團隊，最終完賽的人數只有 264 人。總共十個不同類型的組別，我參加的是【AI & DATA】組，同組中我最早開賽、也最早完賽，該組共 37 人參賽、只有 18 人完賽。雖然規則上除了各組冠軍之外，其他沒有名次之別，但接下來的獎項**優選**和**佳作**，對我來說就是第二第三名的概念。

30 天每天 300 字，換句話說最少是 9,000 字，開賽第一天就發現這字數門檻實在太低，於是立志要翻倍，要能做到 18,000 字。結果第 20 天已經寫超過 40,000 字，整個 30 天寫完，竟整整寫了 64,000 字有餘。

縱使寫了那麼大篇幅的內容，自認質量仍是不差的，就是實作層面講得沒那麼深，文中又含了不少個人主觀自創的部分，可能是沒能拿高分的關鍵。

參賽版本（網路版本）我大致是三個主要部分：正文（描述資料處理的譬喻）、番外篇（如同本書的小馬閒聊）、SQL 實作（偏向技術層面過於生硬未收錄於本書）。但始終不是很確定，到底哪個環節拿到了分數獲得佳作，又是哪個環節寫差了沒能進一步拿優選甚至奪冠？

還好在當天頒獎現場，有名說話很具參考價值的人士找我說了這樣一段話：「你文章內容很不錯，只是不太適合得獎，畢竟 iT 邦主要以 IT 人為主……」口語上的對話比較沒辦法用文字呈現，總之大意是我寫的內容不深，以技術層面去看價值不大，「……但我建議你可以找看看科學類或社會類的出版社，因為你的譬喻確實寫得生動，是大眾會喜歡的文字。」換句話說，他建議我以科普的角度，重新詮釋我的系列文。

因此，本書除了橫向大幅增加篇幅，運用更生活化的描述與譬喻，也移除一些過於生硬技術層面的內容。

小馬提醒 網路版中，技術層面的字數（主要是 SQL 語法）也有近二萬字，移除掉之後，必須補上將近剩餘篇幅一倍以上的內容，才能達到出書的字數門檻。也因此書籍版本和網路版本，有大部分內容是不相同的。想更進一步鑽研實作的讀者，可以在網路上搜尋得到。也歡迎在我文章底下留言，與我互動唷！

不過縱使版本有差異，對於以下這個初衷，是絕對相同的：

資料處理的脈絡是一門學問，但這套學問一直沒有清楚的架構邏輯，就連專有名詞，都是各行其道，你有你的定義、我有我的理解，同一個詞彙，常常**我不清楚你的明白**。

而小馬我試圖想把這個「明白」給講「清楚」。

當然小馬必須承認，這並不是一本純社會科學類型的書籍，畢竟裡面某些內容，存在許多個人主觀自創的想法在裡頭，包括下一個章節我們會看到的：用數學式定義大數據。

覺得小馬說得有理，可以拍個手、比個讚，幫忙傳達給其他人，覺得沒有道理，更可以嗤之以鼻不屑一顧，寫信來罵作者小馬我。無論如何，小馬寧願提出後，眾人經過廣泛討論，發現小馬講得不甚正確，進而調整修正出最正確的結論，也不希望議題從來沒被討論過，結果大家各自解讀，越走越偏，積非成是。

科學技術的進步，就是在這種不斷的碰撞下產生的，如果小馬因為擔心批評，或擔心自己未臻 100% 無懈可擊的專家大神，就連做都不敢做、連說都不敢說的話，則科學之正道，將被埋沒在人云亦云的茫茫塵土之中。

歡迎任何的批評指教，讓我們，一起為資料科學盡一份心力。

MEMO

Day-6

大數據（Big Data）

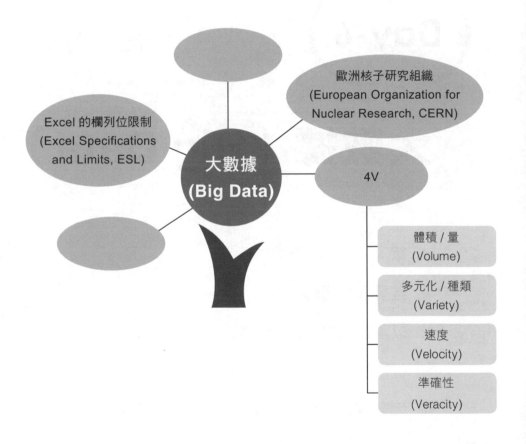

≫ 眾人眼中的大數據

讓我們先來看看，眾人是如何看待【大數據（Big Data）】這個詞彙的？根據小馬隨機採訪路人……好吧其實不是路人，是身邊的親朋好友同事們……的答案，小馬是這麼提問的：你覺得，什麼叫做大數據？大數據在做些什麼事情？

65 歲男性，大學畢業，現職水產養殖業工作：

「很大量的資料，上萬筆資料，沒辦法一筆一筆處理，一個組合一個組合處理……（舉了醫療新藥配置過程的例子）……」

63 歲女性，大學畢業，剛從教職員身分退休，現職從事寫作：

「很多很多的數據，要從這些數據裡面，找出有價值的資料……（舉了從銷售數據可以知道要賣哪些商品會更賺錢為例子）……」

32 歲男性，研所畢業，現職為紡織業原料採購工作：

「大數據我認為是要去發想各類型的變數，開始做巨量蒐集，然後從中可以提煉出新的構想、新的商業機會，更希望有預測的效果在。」

31 歲男性，大學畢業，現職從事軟體人才招募：

「由大型的資料夾組成，往往超出人或一般電腦軟體可處理的範疇。」

30 歲女性，研所畢業，現職海外工作：

「超級無敵海量數據資料，多到人類無法 handle 的程度。」

29 歲女性，大學畢業，現職百貨公司人員：

「透過蒐集到的數據資料來觀察、分析、歸納、預測人們想知道的事情。」

28 歲男性，大學畢業，現職處理資料，屬於相關領域人員：

「只要有在處理其中 1 個 v，現在好像有第 5 個 v 了，就算在做 big data 的事。」

聽到眾人的殷殷期盼，一道光影降臨……

》》登登登登場啦

終於！讓我們歡呼一下！來賓請掌聲鼓勵！

如果有紅地毯的現在可以舖下去了！歡迎歡迎！

我們正式邀請【**大數據（Big Data）**】這位嘉賓出場！

> Big Data~ Big Data~ 天下古今幾多之文章，假汝之名以行！

最早來由眾說紛紜，直到 2010 年由 IBM 開始頻繁將其使用為專業用語，接著逐步發展至今。可以說從 2010 年「**大數據**」這詞才正式降臨登場（我就不說「誕生」這二個字了）。而這近十年間，掀起了一股「**大數據**」熱潮，大眾開始不分青紅皂白的，只要和數據沾點邊，就可以脫口而出：**Big! Data~~~~**

然而，容小馬從這角度切入，就能知道這專有名詞，真的該被這樣解讀才對。

前面提到了我團隊夥伴做出的「抗菌洗手乳」和「親子遊園票券」，很有感覺吧？可能還差啤酒尿布一些，但概念很相近了是吧？好……那我要來告訴大家真相了……

> 在我們抽樣十萬多筆的交易裡，它只出現了 **5 次**，嗯……對！就是 **5 次**！

而且我們條件還不是讓它們被一起購買，而是先後曾經購買。縱使有時間先後，做的並非**順序型態分析**，也不是單純的**單筆訂單關聯分析**。

而是決定一個時間區間內，相同一名會員，購買過的所有商品當作一車購物籃；換句話說，我們不是用單筆訂單的所有商品當作一個購物車，而是用單個會員某段時間區間內購買的所有商品當作一個購物車。

而縱使條件已經放寬到這種地步，Support 值仍是非常可憐的 0.0000488。

可是 Confidence 值卻是 83% 和 100%，Lift 值不用多說是爆表的高，而且最重要的是……**結果是能被解讀且能說服人的。**所以縱使只有 5 次，我們還是把該次的分析報告放了這個內容進去，眾人皆感耳目一新。

它的商品關聯性極高，但出現的頻率卻堪稱稀有，這才是所謂「大數據」的精髓！

如果已經忘記 support 等等的數值意義是什麼，在 Day4 有詳細說明唷！

在足夠大量的資料及數據中，才能探究、發現出極其稀有的結果；換句話說，因為這樣真實的存在、這個有價值的存在，實在太過稀有、太過少量，我們必須擁有極大量的資料，才能收集足夠證據，也才能說服大家「這件事真的存在」。這才是小馬我認為的**「大數據」**。

0 門檻！0 負擔！
9 天秒懂大數據
& AI 用語！

各位 Google 一下「**什麼是 Big Data？**」，於是會發現很多說**大數據**要具備 3V、4V 等等，未來發展成 10V 甚至 220V，小馬都不會太意外，對小馬而言，這是標準的：**為賦新辭強說愁**。

220V，需要帶變壓器嗎？

業界講了非常多描述大數據的形容詞，就以 4V 來說：

Volume：巨大的資料量

Variety：資料形式的多元化，數據文字、影像訊息、瀏覽行為等等

Velocity：傳輸速度快速

Veracity：資料的真實與正確性

我不由得想反問，然後呢？常說「啤酒尿布」是大數據結論之最佳範本，上面這四個 V，哪裡能讓我和「啤酒尿布」做上任何聯想？ 4V 甚至沒提到任何分析過程！

因此我們首先可以知道，大家很常講「啤酒尿布是透過 Big Data 運算出來」的這句話，事實上，似是而非！問題不僅只發生在 4V（縱使它是強說愁的概念），「啤酒尿布……Big Data……」這句話本身更大有毛病。

嚴格講起來，啤酒尿布的結論，是透過【資料分析（**Data Analysis**）】這步驟裡，經常使用的其中一種分析方式叫做【關聯分析（**Association**）】，做出來的，平心而論，到此為止，皆暫時與【大數據（**Big Data**）】毫無相關。

除非，做出這結論的 Walmart 有類似這樣的補充：「在過去，我們經常執行**關聯分析**，但都沒有發現過這樣的結論。一直到近年來交易成長、數據增加，我們才終於發現這兩者的商品關聯。」除非如此，這整件事才算得上跟**大數據**有關。

否則，啤酒尿布就僅只是一個正常執行的數據分析所帶來的一個絕妙結果，而根本與**大數據**沒有關係。

》以數學公式定義大數據

有了前面的概念，至今終於可以直球對決。

讓小馬我用數學來定義，什麼是【**大數據（Big Data）**】？

> 解釋一：極大量數據，足以找出足夠「極其稀有的數據證據」。
> 造句：這樣的數據分析結果，必須透過 Big Data，才有辦法做到。
> 造句：這兩個商品的關聯，必須透過 Big Data，才有辦法發現。

例如我團隊執行出的極稀有且有趣的「抗菌洗手乳」與「親子票券」關聯。換句話說，只靠少量資料就能得到的分析，根本不能當作 Big Data，而就只是單純的數據分析罷了。

> 解釋二：無法以人工處理的大量結構化資料
> 造句：系統裡存在的資料已經是 Big Data 等級，我無法以 Excel 來呈現或寫公式運算。

Excel2010 版的儲存格上限是 1,048,576 列乘以 16,384 欄（以下以「**105萬筆資料**」替代，較容易說明）。換句話說，例如，當交易筆數超過 105 萬

0 門檻！0 負擔！
9 天秒懂大數據
& AI 用語！

筆，則無法存於同一張 Excel 工作簿，也無法利用 Excel 計算出……例如，某個會員的總交易筆數……而勢必只能透過資料庫相關的程式處理（例如 SQL）。

綜合了解釋一和解釋二……

再加上這個條件：我們都知道**統計樣本最低極限是 30 筆**。

這樣的數值也應該反映在我所謂的極其稀有的數據證據上。意思是，如果 105 萬筆資料以內，能得到超過 30 筆的某些商品關聯組合，則這樣做出來的關聯分析，並不符合**大數據**的定義，而就是單純的**「數據分析裡的關聯分析結果」**罷了。

容我說明得更清楚些，這個 105 萬筆資料，它的最底層資料是一筆訂單的多項商品，例如下圖這 4 筆訂單，是 10 筆資料，而不是 4 筆資料：

no	訂單編號	商品
1	order001	抗菌洗手乳
2	order001	親子票卷
3	order001	筆記型電腦
4	order002	鏡框
5	order002	鏡片
6	order003	娜娜子姐姐公仔
7	order004	HTC 手機
8	order004	HTC 手機保護貼
9	order004	HTC 手機皮套
10	order004	行動電源

⬆ 上面 10 筆資料，是 4 筆訂單（order001~order004）的明細

如果現在做的是「2 個商品組合的關聯分析」，則我們的【可用訂單樣本】（只購買一項商品的訂單不是我們的可用訂單樣本，像上圖的 order003 就不能算，因為我們在看的是二個商品組合），最多，只會有 52.5 萬筆的【可用訂單樣本】，不可能比 52.5 萬筆多，對吧？最棒最完美的狀況就是 105 萬筆資料，剛剛好都是每筆訂單購買二項商品，這樣我們就有最大的樣本數：52.5 萬筆訂單。

再來，發生「特定某 2 商品組合的次數」，在這 52.5 萬筆訂單中，最高，出現的筆數不能高於 30 筆。例如 order002 的「鏡框 & 鏡片」，在上面四筆訂單中出現了一筆，而在我總共 52.5 萬筆訂單中，不應該出現 30 筆以上。

52.5 萬筆訂單、商品組合出現 30 筆（52.5 萬筆訂單裡，只有 30 筆，出現了又買商品 A 又買商品 B 的狀況），而這個概念，不正是關聯分析中的**支持度（Support 值）**嗎？

▍ 30/525000 = 0.000057143 = 0.0057143%

這個數字的意思代表：

當「2 商品組合」的【Support > 0.0057143%】時，表示只要不滿 105 萬筆資料，就可以得到 30 個以上的樣本；換句話說代表著，不需要 Big Data，這個組合也會被人工能製作的關聯分析給發現。

再換句話說，當「2 商品組合」的【Support < 0.0057143%】時，表示必須超過 105 萬筆資料，才有機會得到 30 個以上的樣本；換句話說代表著，我們需要 Big Data，這個組合才可能被關聯分析給發現並確認擁有足夠證據。

0 門檻！0 負擔！
9 天秒懂大數據
& AI 用語！

感覺「鏡框 & 鏡片」，在 52.5 萬筆交易資料中，很容易就超過 30 筆呀！

沒錯，在很少量的資料裡，我們就已經發現「鏡框 & 鏡片」會被一起購買，所以這種商品關聯性，不應該被稱為大數據結果。換句話說，並不是作出了關聯分析，就代表使用了大數據。

以下我們嘗試用代數進行：

ESL：1,048,576，設定為常數代數 ESL（Excel Specifications and Limits）

A：打算做【幾個（A 個）商品組合】的關聯分析，設定為變數代數 A（Associative）

R：最大可用訂單樣本，最大可用的購物車樣本，單位是每筆訂單（Order）

n：某個特定的【A 個商品組合】於抽樣中出現的訂單數（樣本數）n

S：關聯分析中的支持度（Support）

於是我們可以先得到這個函數式 1：

$$式 1： \frac{ESL}{A} = R$$

意思是當現在想要看「3 個商品組合」的關聯分析，即我們想分析的目標是「哪 3 個商品會被一起購買」？那麼我的可用訂單樣本，在 ESL 的限制下，**最多**只會有 349,525 筆：

$$\text{式 1：} \frac{1,048,576}{3} \fallingdotseq 349,525$$

接著還會有函數式 2：

$$\text{式 2：} S = \frac{n}{R}$$

意思是依照關聯分析的 Support 值概念，某 3 個商品組合被一起購買的訂單，佔總訂單的比例。例如總訂單數量有 349,525，裡面有 20 筆訂單，同時購買了「甲乙丙」三種商品，則「甲乙丙」的 Support 值是 0.0057%，換句話說，當我們針對全部訂單隨機抽樣時，有 0.0057% 的機率，可以發現「甲乙丙」被一起購買：

$$\text{式 2：} S = \frac{20}{349,525} \fallingdotseq 0.000057 = 0.0057\%$$

最後是我們限制，在 1,048,576 筆資料的條件下，不能有 30 筆以上「同時購買甲乙丙的訂單」，否則就不滿足大數據的條件；換句話說，如果在 1,048,576 筆資料的條件下，裡面有 30 筆以上同時購買「甲乙丙」的訂單……表示不用那麼大量的資料，我也能得到「甲乙丙會被一起購買」是一種**統計上有足夠樣本支持的結論**，那這就不屬於大數據了。因此可得函數式 3：

$$\text{式 3：} n < 30$$

延續上面的例子，在 1,048,576 筆資料中，我們只看到了 20 筆「同時購買甲乙丙的訂單」，式 3 成立：

$$式 3：20 < 30$$

將式子整理一下：

式 1：$\dfrac{ESL}{A} = R$

式 2：$S = \dfrac{n}{R}$

式 3：$n < 30$

式 2 整理：$S = \dfrac{n}{R} \rightarrow S * R = n$

式 2 整理後帶入式 3（把 n 替換掉），得式 4：$S * R < 30$

式 4 整理：$S * R < 30 \rightarrow S < \dfrac{30}{R}$

式 1 帶入式 4 整理（把 R 替換掉），得式 5：$S < 30 * \dfrac{A}{ESL}$

終於，我們把**大數據**的定義，用數學式子給決定下來了！能被稱為**大數據**做出的**關聯分析**，其**支持度（Support 值）**必須符合這個條件：

條件一：$0 < S < 30 * \dfrac{A}{ESL}$

接著，我們仍必須得到統計上足夠樣本，以證明「甲乙丙會被一起購買」是有充分證據能支持的，換句話說，即：

條件二：n ≥ 30

至於 Confidence 要多少……就一點都不重要了，因為無論雙向 Confidence 不管至少 30%、至少 40% 還是要抓到至少 80%，Lift 都會爆表得高。

總結來説，首先我們的條件一首先限制了 **Support 值在某一個很小的範圍**，接著條件二再限制了**實際出現同時購買某些特定商品組合的訂單必須超過 30 筆**。

好的，我們重新順一遍這個結論怎麼來的。考邏輯囉 ~

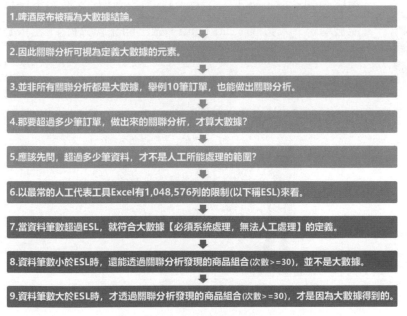

↑ 透過反思去定義

同一時間，因為這個 Support 值極低、Lift 值極高，這種商品組合，絕對符合老闆想看到的分析之「**大家不知：這個關聯並不是大家早就知道的關聯**」。因為它們出現的組合筆數非常非常少，大家肯定不知道了吧!?

當然，第 6,7 點，ESL 這個臨界點，是否真能代表人工處理與系統處理的界線？難道用 SQL 處理就不算是人工處理？那從超過 ESL 的母體抽取不到 ESL 的樣本來做關聯分析，是算系統處理還是人工處理？

這就留待強者們後續的討論了，小馬僅以拋磚引玉之姿，拋出一條大方向，將**大數據**的定義從 **ESL** 的角度開始出發，最後以數學函式去做最終呈現。

希望有朝一日，集眾人之力，我們能很明確地教育下一代：能被稱為「大數據（Big Data）做出的關聯分析」，至少必須符合「0 < Support < 30*A/ESL，且 n>=30」的條件。

不然我怎麼教小孩啊？

》從硬體的角度看大數據

前二個小節是以資料和數據的角度來看，若我們再往更早的年代看一些，會了解**大數據**最早遇上的問題，是硬體問題。

畢竟雖然 2010 年**大數據**才如神兵天將般登場，但做人不能忘本，就像一個祖師爺等級的人，從小馬背後悠悠地飄出，只說了句：「小兔崽子，這才是**大數據……**」小馬我就只能俯首稱臣，點頭搗蒜般地說是。

> 解釋三：已經超越一般正常營運機構，所備硬體能儲存的資料量
>
> 造句：公司資料累積至今已成了 Big Data，我們可能要思考使用雲端儲存的服務。

歐洲核子研究組織（CERN, European Organization for Nuclear Research）是最先（1970~）遇到資料量大到無法儲存的組織，也因此開啟了網路發展，進入網路時代。

但他們的資料量大，是用 PB 當作單位在計，1PB = 1024TB、1TB = 1024GB、1GB = 1024MB。在小馬經驗上，縱使一年的交易明細有 2000 萬筆，實則也不過就是 1~2G 左右的大小（視各筆明細使用欄位的狀況而訂）。和動輒以 PB 在計算的 CERN 比起來，實在小巫見大巫。

然而，縱使要針對 PB 等級的資料量做處理，前段文章所述的資料處理過程，仍是足以套用，並不會因為資料量大小，而有不同的處理過程。反而背後必須使用的硬體規格、網路技術能否負荷，就是另外一個領域的大議題了。

甚至，小馬我所謂的**另外一個領域的大議題**，在解釋三的本質上，才真的是**大數據的議題**，前面提到的 4V 也是屬於這個階段的議題，而與資料處理無關。然而這並非本書闡述資料處理領域想著重的部分，且硬體技術日新月異，現在認為的創新儲存技術，一兩年後可能早被更新的技術取代掉了。反而資料處理的過程，是不會有太大改變，因此硬體的部分，請容小馬就此帶過。

》 大數據，此專有名詞的濫用

前述三個有關 Big Data 的解釋及造句，才是小馬認為最正確的用法。但很遺憾，在積非成是的現在，Big Data 已經被當作整個資料處理過程的代名詞，從資料匯入、資料清洗、資料採礦、資料分析等等，舉凡只要和資料或數據沾得上邊，都會隨便被講成是 Big Data。

尤其是【數據分析（Data Analysis）】，眾人普遍將**大數據**定義成**數據分析**的過程，但卻不了解，在這種定義下的內容，少少筆資料就能辦到**數據分析**，這不是與【大數據（Big Data）】字面上【大（Big）】的意思，相對矛盾了嗎？

簡單來說，使用這詞彙的人，根本不管他在談的是資料處理的哪個階段，而就很簡而化之地說出了「Big Data」這個專有名詞。如同小馬幾個月前參與

知名視覺化軟體 Tableau 的年度峰會台北場，現場有一千七百人報名，受邀上台的用戶分享，開口也是「Tableau 這套 Big Data 軟體，讓我們公司可以很簡單地……」。

以下再列舉幾個可能不夠精準的用法：

數據分析師：「我的工作內容是 Big Data。」

資料庫管理師：「我的工作內容是 Big Data。」

網管人員：「我們幫助大家建立 Big Data 環境。」

投影片製作者：「我們的週報結論都是用 Big Data 做出來的。」

報表小公主：「我們用 Excel 處理 Big Data。」

企業老闆：「我們運用 Big Data 進行決策。」

BI 軟體廠商：「我們這是一套 Big Data 軟體。」

儲存硬體廠商：「我們的硬體專門處理 Big Data。」

數據顧問公司：「我們已經有幾十年的 Big Data 處理經驗。」

政府官員：「我們建了一個 Big Data 平台供大家下載資料。」

好吧，事已至此，小馬我就不再鑽牛角尖説：

「慢著！上述講的是不是 Big Data 還大有得討論呢！」

我們，就讓 Big Data，以一個**超人**的形象，存活在大家的心中吧！

讓我們再次掌聲，感謝 Big Data 的來訪，啊～飛走了～

「小馬，千萬不要放棄治療唷！」

Big Data 遙遙對我説了這麼一句，最後化成一粒星點，綻放了幾道耀眼的光芒。

0 門檻！0 負擔！
9 天秒懂大數據
& AI 用語！

容小馬我再治療一下……

這就像盲試蘿蔔排骨湯一樣，一碗碗蘿蔔排骨湯擺在面前，有碗是媽媽煮的、有碗是路邊小販、有碗是遠赴日本富士山取回的雪水煮的、有碗是首次嘗試的新手煮的、有碗是昨天其他人喝剩加熱的……，但其中有一碗，是米其林星級大主廚煮的！

大多數的人，並沒有能耐去區分哪一碗才是米其林等級，甚至可能只有大主廚自己才知道；就像我們做數據分析的最後報告，並沒有人有辦法判斷我們**運用了多大量的資料，多繁雜的統計工法**，只有我們自己才知道，一樣相同道理。

因此，老是想將資料處理或數據分析的一切，都說成是 Big Data……

> 就像是把每碗蘿蔔排骨湯，都說它出自米其林主廚之手一樣。
>
> **那麼的偏見無知與自以為是。**

我想，這本書最源頭的動機，就是為了講出上面最後這段話吧！

鋪陳了幾萬多字的文章內容，小馬終於能將對 Big Data 的想法給談清楚，縱使最後也不過是成為下面這段話的其中之一，也算不枉此行了。讓小馬我再說一次……

> Big Data~ Big Data~ 天下古今幾多之文章，假汝之名以行！

小馬閒聊 06

這邊先稍微解釋一下 Tableau 的介面，資料讀入之後，每個欄位可以拉成橫縱軸，也可以設計成篩選器，例如下圖右上角的篩選器（多選）。應該很直覺就能看出那個有沒有打勾的功用是什麼：

判定_觀察值樣本	標的判斷1	標的判斷2	EPS分群	沿着区(横穿) 的记录数 的总计 %			记录数		
				持有	跌10%出場	漲10%出場	持有	跌10%出場	漲10%出場
已滿2m已滿8m	A	O	O	15.4%	19.2%	65.4%	8	10	34
			X	14.9%	27.7%	57.4%	7	13	27
		X	O	25.0%	50.0%	25.0%	1	2	1
			X	14.3%	50.0%	35.7%	2	7	5
	B	O	O	16.2%	26.0%	57.8%	125	200	445
			X	12.5%	37.6%	49.9%	96	288	382
		X	O	14.4%	33.6%	52.0%	18	42	65
			X	14.2%	35.5%	50.4%	40	100	142
总和				14.4%	32.1%	53.4%	297	662	1,101

驗證勝率

結果

標的判斷1
- [ ] (全部)
- [x] A
- [x] B
- [ ] X

年(日期_3m起(買點))
- (●) (全部)
- ( ) Null
- ( ) 2015
- ( ) 2016
- ( ) 2017
- ( ) 2018
- ( ) 2019

⬆ Tableau 是一套很不錯的視覺化軟體

小馬我第一次感受到**大數據**的威力，是發生在 **PK 事件**之後。

PK 當時，還是用 Excel 當作 Tableau 的數據來源；隨著該場PK 贏得漂亮，加上長官支持，漸漸在 IT 部門打通了關。終於，我們不再是用 Excel 檔做事，而終於可以連進資料庫裡面，直接使用資料庫的資料。

而這個步驟，更促成了我前公司的資料倉儲計畫。

> 嗯!?
> 因此推動了資料倉儲計畫？
> 所以當時還沒有資料倉儲？
> 那小馬你連的資料庫……是什麼資料庫……

0 門檻！0 負擔！
9 天秒懂大數據
& AI 用語！

相信有資料倉儲背景的，看到這應該替我捏了把冷汗。

> 對，我直接連進了 AP 端的資料庫。

可以想像成廚師不是到市場買食材、回廚房做蘿蔔排骨湯，而是直接跑去農場殺豬並現場煮湯。然後造成了農場主人極大的困擾……

剛開始使用都還沒任何人覺得有問題，直到某天，我們要計算會員的 RFM，區間需要涵蓋兩年的交易資料。當時還沒有透過任何的系統工具處理，就只是在 Tableau 軟體裡面直接下公式。

而我們運用了兩年的資料，Tableau 做成的版面，的那個篩選器：

🔺 Tableau 有著一目了然的篩選器

每個動作，例如將多選篩選器打勾起來、將多選取消打勾，這樣簡單的一個動作……**必須等 2 小時才會有結果！**

不做資料採礦，妄想資料清洗完，直接做資料分析，會有什麼結果？現在你知道了。

記得當初 Tableau 年度發表會上（當年的 Tableau 大會還不到 100 人，不像 2018 年有 1700 人），我找原廠描述這個狀況，原廠還覺得不置可否。因為 Tableau 不斷強調它們就是可以處理 Big Data 的軟體，卻不知道還真有人直接拿了原始的 Big Data 來跑看看啊！甚至那只不過是兩年的交易資料啊！

好的，先撇除有 mining 的工要先做這件事，看到這，有專業背景的一定會問：

小馬，會不會是硬體的資源分配問題或是頻寬問題？

不會，頻寬跟主機硬體首先確認過沒問題，至於 AP 端的系統資源分配……不用說，我相信，全部都給我們用了。

因為就在我們當天從早上用到下午的某個時間點，終於，資訊單位的 AP 部門聯絡上了我們……

「你們是不是有在讀交易資料？」AP 人員問，口吻略顯氣急敗壞。

「對呀~」小馬天真貌。

0 門檻！0 負擔！
9 天秒懂大數據
& AI 用語！

「就是你們！快斷線！！！」那語氣我永生難忘。

「怎麼了嗎？」小馬不知輕重地問著。

「全台灣三百間門市都不能結帳，因為你們把資源全佔據了！」

欸嘿～（吳宗憲貌 part2）

然後我們就有資料倉儲了～~ 萬歲 ~~~~（灑花）

小馬提醒 每個階段都應該有明確的分工，農場就是負責生產豬，要料理，就是必須經過運送、清洗、備料等等的前置作業。如果這一切的工作都集中在某一處，可以想見系統資源是無法負荷的，就像是廚師直接跑去農場殺豬煮湯，絕對會造成農場主人很大困擾呢！

廚師：「欸！你有沒有種蘿蔔？」

農場主人：「沒有，我們這裡是養豬的。」

廚師：「欸！豬主人，你農場沒地方讓我烹飪嗎？」

農場主人：「唉，我把這邊的豬隻移到另一邊，讓出來給你用好嗎？」

廚師：「欸！你有沒有廚具？」

農場主人：「唉，我把豬的鐵柵欄拆下來重鑄個鍋子鍋鏟給你好嗎？」

廚師：「欸！你有沒有瓦斯？我沒法生火呢！」

農場主人：「唉，那我去砍旁邊的樹，撿些木材來生火好嗎？」

廚師：「對了！你有沒有種蘿蔔？」

農場主人：「嗆我嗆夠沒？有完沒完啊？」

Day-7

商業智慧
（Business Intelligence）

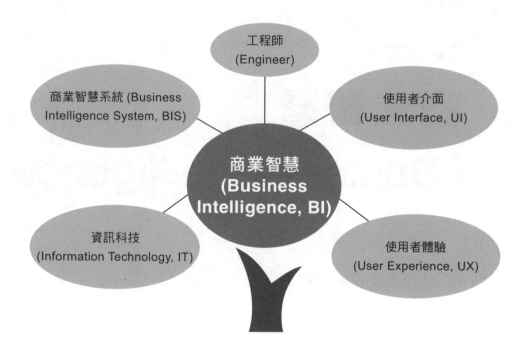

》什麼是商業智慧（BI）？

經過前些天完整的資料處理，一道料理如何端上桌，想必各位心裡都有了大概。而隨著時代演進，資料處理不再是資訊人員的閉門功夫，越來越多不是資訊背景的人，也正開始直接地使用資料……在聊完大數據之後，更該看看非資訊背景的大家，如何單刀直入地切進大數據的領域。

且讓我們將流程倒退一些，停在資訊人員與非資訊人員的**交界處**，也就是下圖處理出【整理資料（可用資料）】，即將離開、邁出【資料倉儲（EDW/EDB）】階段，即將往後邁向**各種**多元化的階段。

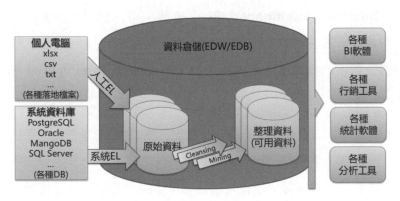

🔼 各種 BI 軟體，什麼是 BI 呢？

如前面文章所述，配合上圖可知，經過 cleansing 和 mining 完的資料，往後有非常多種用途，就像是處理好的蘿蔔和排骨，可以發展出各式各樣的中西式料理一樣。

只是，資料處理的過程與繁複工法，是資訊人員、工程師透過專用工具及語言，例如 SQL 語法，去執行的；這執行完之後，仍儲存於資料倉儲裡的可用資料，該怎麼讓<u>不是資訊人員的其他一般人員</u>，也能使用呢？

0 門檻！0 負擔！
9 天秒懂大數據
＆ AI 用語！

小馬提醒

資料庫、**資料倉儲**都屬於資訊人員的專業領域，無論觀看或整理資料的過程，都必須使用特定的軟體工具，才能執行工作。換句話說，一位非資訊人員，或業務單位的成員，並無法直接接觸資料庫，也無法直接使用資料。

▎商業智慧系統（Business Intelligence System, BIS）因此孕育而生。

BIS、BI 工具、BI 軟體、BI 系統、BI，這些字眼都有人使用，雖然原本【**商業智慧（Business Intelligence, BI）**】這個字詞含意的範圍更廣，往前包含到資料處理、往後包含到數據分析結論，但至今談論到這些字眼，其意思已絕大多數指的就是【**商業智慧系統（Business Intelligence System, BIS）**】。

BIS 即是一套「可以觀看資料庫內容的系統工具」，就像是原本封閉的倉庫，對外開了一扇窗，就算是個沒有相關專業技能的路人，也能透過窗戶看到倉庫裡面的內容。可想而知，縱使可以觀看，但路人並沒有辦法透過窗戶，對倉庫裡面的東西做任何改變。

而隨著時代進步，這窗戶越來越厲害，就像萬花筒一般，可以將倉庫裡的內容變化成各種路人想看到的形式。換句話說，BIS 是一個統稱，是所有不同類型的萬花筒窗戶的統稱，而不是單指某一個特定的軟體工具。

小馬提醒

若要認真區分，BI 指的是資料處理一條龍這過程的完整脈絡，BIS 指的是用於觀看資料並使用資料的專用軟體工具。事實上，在小馬心中，從 Data EL、Data Cleansing、Data Mining、Data Analysis、Big Data，最適合統稱這些過程的字眼就是 BI 這個單字，畢竟這就是真正的【商業智慧】啊！正如同字面上的意思不是嗎？

但可惜在積非成是的現在，眾人談論 BI，幾乎指的意思都是 BIS，正如同眾人談論的 ETL，裡面幾乎已經快要沒有 T 這個過程一樣。

且如前面所提到的，這個資料生命週期的完整過程統稱，即有人主張應被稱為「Data Analytics」，但這又容易與實際進行統計分析行為的狀況產生混淆，這單字也不像在闡述一個非常完整的資料處理過程；也有人認為很多時候的資料處理並非發生在「商業」領域，故不該拿「BI」來做統稱；也因此造就了多數人認為以「Big Data」來做統稱是最適合的，於是「Big Data」的濫用狀況就此展開了。

從這角度，也不難理解大家將資料處理或數據分析的一切，都稱為 Big Data(甚至 AI)。因為現在確實還沒有一個更正確更有共識的單字，可以統稱整個資料處理與數據分析的過程。

市面上有非常多種 BIS，舉例小馬用過的，包括最老牌的 Oracle 有 Oracle Application、IBM 有 IBM Cognos，較近期有 Microsoft 的 Power BI、Google 有內建式的 Google Analytics（簡稱 GA），而小馬最愛的則是 Tableau。

0 門檻！0 負擔！
9 天秒懂大數據
& AI 用語！

我們當然不必費心去記憶這些廠牌和軟體名稱，只是從這較早開發的 BIS 直到近期開發的 BIS，其【使用者介面（User Interface, UI）】和【使用者體驗（User Experience, UX）】的演變，可一窺 BIS 的定位是逐日改變的。

小馬提醒　【使用者介面（User Interface, UI）】指的是直接視覺上看到的內容，例如顏色、字體大小、外框、按鈕等等，人眼直接看到的內容，是雜亂無章，還是整齊舒服的？當我們想要進行操作時，可以互動的功能列表，是否具邏輯且直觀，並置於顯而易見的介面位置？

【使用者體驗（User Experience, UX）】指的是當我們對介面進行操作時，使用起來是否如預期般的順手，點選某個功能之後，是否確實如我們操作前所想像的功能。簡單來說，在沒有任何教育訓練的狀況下，如果使用者可以很自在地將一套軟體很快地摸熟摸透，除了使用者天資聰穎這理由之外，最有可能的就是這套軟體的 UX 設計得很棒。

因此 UI/UX 並非只發生在 BIS 上面，所有會提供給使用者進行操作的，無論應用程式（App）或系統（System），都有 UI/UX 的專業課題在裡頭。

可想而知，早期的 BIS 偏屬於資訊人員使用，因此介面**看起來就像是「工程師才懂得怎麼用」**的樣子；後來隨著大數據時代來臨，縱使非資訊人員，也常身兼資料處理數據分析的工作，這使得近期的 BIS 漸漸演變出更視覺化的易用介面。畢竟小馬當年（2013 年）開始使用 Tableau 的時候，可完全沒有資訊背景及相關經驗，全靠自學最後卻能將 Tableau 用得得心應手還 PK 成功，可見一套軟體的 UI/UX，是多麼重要的環節。

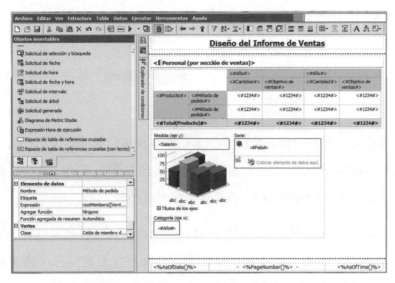

⬆ 早期開發的 BIS 介面（取自 IBM Cognos）

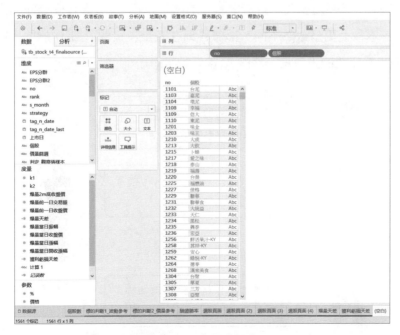

⬆ 近期開發的 BIS 介面（取自 Tableau）

0 門檻！0 負擔！
9 天秒懂大數據
& AI 用語！

≫ 工程師的模糊界線

> 一個會操作 BIS 的人，算不算工程師（Engineer）呢？算不算 IT 人員
> （Information Technology, IT）呢？

若對前文內容還有點印象，會記得小馬是從業務單位起家的，縱使沒多久之後開始用 Tableau 這套 BIS，也從來不認為自己是個工程師，當時所屬的部門更與【工程師（**Engineer**）】這職稱八竿子打不著。

直到某日其他業務部門的同事，在外部廠商面前，非常自然地稱呼我為「我們的 IT 人員……」時，小馬我甚至過了好一陣子才反應過來：**原來是在說我。**當下很想回那同事說：**「你才 IT 人員，你們全家都 IT 人員！」**

畢竟歷經 PK 事件沒多久，當時與真正 IT 部門的同事，實有些過節和嫌隙，工作內容本質上更是截然不同，卻怎料到在完全沒接觸 IT 工作的同事眼裡，我竟然和 IT 部門的人員是一夥的!? 唉呀呀呀……

哼！對我們真正的工程師來說，你才不是工程師呢！

嗯……這點我們有共識，我確實不覺得自己是工程師。

蛤？你們講什麼啊，你們兩個都是工程師啊！

同樣的症狀，也發生在 BIS 演化的過程中⋯⋯

Tableau 剛導入我當時公司之際，是台灣代理商才剛開始代理的第一年，第一場 Tableau 發表會，是在 30 人左右的會議空間，扣除掉代理商和工作人員，真正實際外部來參加的人數可能不到二十個。相較於 2018 年有一千七百人的盛況，可見起步之艱辛。

當時我對於 Tableau 的運作還不清楚，也不知道就是一套 BI 軟體，只知道我老大叫我去參加，只知道他們自稱「處理 Big Data 的軟體」。

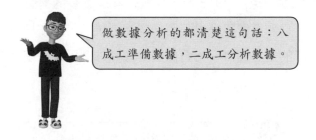

做數據分析的都清楚這句話：八成工準備數據，二成工分析數據。

「處理 Big Data 的軟體」？我當下對於 Tableau 要如何做資料清洗感到困惑，於是一位年輕人，估計和我年紀相仿，當時最多可能了不起三十歲，單腳半跪在我座位旁，耐著性子釐清我想問的問題，交談了一陣，我才終於明白 Tableau 是套 BI 軟體，資料清洗果然還是另外一道課題。

交談完畢交換名片時，才赫然發現對方掛著「總經理」的職稱，而正是該間代理商的老闆。他不亢不卑在我旁邊回答我問題的態度，儘管已經 n 多年過去，至今仍記憶猶新。當然，最後我當時公司透過這間代理商採購了 Tableau，小馬我也走進了資料處理數據分析這條大路。

而資料清洗這件事，在 2018 年，Tableau 也跳進來參與了，新商品發表會上介紹了「Tableau Prep」工具。參加商品發表會這類型活動，除了瞭解具體

0 門檻！0 負擔！
9 天秒懂大數據
& AI 用語！

的功能更新、小技巧操作，我認為最重要的是：**可以藉此一窺這領域的發展進度和未來方向。**

看到 Tableau Prep 這玩意兒的問世，小馬內心實感五味雜陳。它是一套號稱（將來要）可以取代 ETL 工具，聲稱在做資料清洗、資料整理的全新軟體。簡單講，它把平常工程師在處理的專用語法，試著用更人性化的使用介面，**希望讓沒有 IT 背景的一般用戶也能試圖做到平常工程師在做的資料處理。**

從 Prep 這套軟體，我首先意識到的第一件事：BIS 在視覺化的開發、統計方法統計數據的輔助，走到 2018 年，大概差不多該有的都有了，基本元素都已經設計進去，只剩下懂不懂得運用一些組合技巧，例如把單調呆板的圓餅圖變成具設計感的空心圓餅、把長條圖變成漏斗圖、把兩個地圖圖資合併等等諸如此類。

> 萬花筒窗戶已經發展到極致了，只看使用窗戶的人，能不能摸透所有萬花筒的變化。

也因為視覺化這段已經發展得差不多，Tableau 才會選擇再往前一步，跳進【資料處理】這個大坑……呃不是……這個新領域。

但是……難道打算讓原本使用 Tableau Desktop 版的人，也往前一步去使用 Tableau Prep 嗎？畢竟這兩個是截然不同的領域。

Prep 實際上存在**逆選擇**的議題，要能把 Prep 用得好，這名一般人員必須具備充分的資料架構知識和資料處理經驗，也正是最前面提到的 cleansing、 mining 的相關知識及經驗，而這種一般人員，會被不具備此能力的一般人員，稱為【IT 人員 / 工程師】。

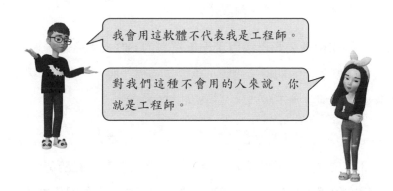

我會用這軟體不代表我是工程師。

對我們這種不會用的人來說，你就是工程師。

Prep 的初衷是讓非 IT 人員也能用，但能真的把它使用得宜的，基本上仍然是 IT 人員，非常標準的**逆選擇**案例。從這也可以看出，在資料處理的領域裡，所謂「工程師」，並沒有一條非常清楚明確的界線。

當然，我們又何必真要把這條線給劃分清楚呢？

≫ 跨世代 BIS 的微妙關係

任何一個領域的世代交替、朝代更迭，都會伴隨大大小小的紛爭，甚至……戰爭！從這角度看來，小馬當年職場的變化，已經算相對和平的發展了。

在當時，公司已經使用了某套 BIS 十年左右，縱使有著類似「達成率一萬趴」這種狀況，整體說來也還算穩定運作；這種背景下還願意為了數據分析、為了新的 BIS，去做「建置資料倉儲」這件事，現在回頭想想，公司還算從善如流，當年 IT 大主管竟能成功遊說大老闆，小馬對其景仰也是更上層樓。

0 門檻！0 負擔！
9 天秒懂大數據
& AI 用語！

在這之後，因資料倉儲建立起來，照正常狀況，應該要把舊 BIS 使用的資料，也轉移成從資料倉儲出去，但歷史包袱，哪是說動就能動的？不轉則已，一轉轉不乾淨，那可是剪不斷理還亂。

而當下時局，人家用著公司已經用了十年左右的 BIS，我這個新來的 BIS 一副來者不善，想要取代的態勢（儘管小馬從沒這種念頭），因此職場相處上，兩方基本是處在一種井水不犯河水、相敬如賓的情勢。

也因此，舊 BIS 使用者和新 BIS 使用者，也是各分兩派。為了避免重複作業，兩套 BIS 主要負責的領域不太相同，不過難免偶有重疊的部分，再加上麻煩的是，**兩方使用者對於某些相同數據名詞的定義，可能是不同的……**

我們兩方都是每日更新數據，只是新 BIS 還有 Server 更新這一段，因此資料實際更新完成時間會比較晚。

某天，我們部門需要某個不太熟且是使用舊 BIS 的部門，提供一份交易數據，原因就是前面提的那樣，這數字我們可能自己有，只是我們需要另外一方使用單位，透過舊 BIS，所定義的某個數字，於是就產生了這樣的趣事……

小馬：「美美喔～你們那份報表好了沒啊？」

美美：「還沒啊～今天資料還沒有更新完呀～」

小馬：「那是因為你們很愛拉 Excel 公式，從 BIS 下載出來後還要自己動手整理過。」

美美：「經理就說要這樣啊～」

小馬：「如果你們交給我們做齁，那個公式我幫你下完，直接就可以跑出來，根本不用你再處理。」

美美：「我們現在用的這個，好像可以請負責的單位這樣處理，我們也在想要不要提需求。」

小馬：「蛤？他們（舊 BIS）才不會這樣處理勒～他們只會給你們原始數據。阿照理講平常不是八點就會更新完？今天怎麼都快十點了還沒好？」

美美：「沒有啊，平常都是十點才會更新完。」

小馬我一愣……因為我掌管的新 BIS，很多報表是 10 點更新完，我彷彿懂了什麼……

小馬：「你那個數據，是不是從【XXX 報表】下載下來的？」

美美：「對啊～你怎麼知道～我們上個月開始用的時候，發現這邊的數字比較正確……然後啊……」

原來我要的數據，就在我自己身上。

》 我要的不是這個數字

數字，尤其是銷售數字，理應是一翻兩瞪眼，該怎麼算就怎麼算。究竟是什麼樣的數字，竟然會沒辦法達成共識呢？

0 門檻！0 負擔！
9 天秒懂大數據
& AI 用語！

RE: 含稅未稅與　　抵的關係
張孟懿

您已於 2018/1/3 下午 06:26 轉寄這封郵件。

寄件日期：	2017/3/7 (週二) 下午 05:40
收件者：	███████████████████████
副本：	

Hi ███課長，
如同電話所述，完全同意。

Hi all,
這篇旨在向業務單位解釋【各數字的意義】，
公司 實際收到的金額(在給完稅之後)：1000 元
稅率：5%
公司 支付給政府的稅額：50 元
消費者實際支付的金額：1050 元
消費者用掉的 折抵 ：100 元
原本消費者應該要付的金額：1150 元

上面應該是毫無懸念的，
那麼，業務單位的【銷售業績】，數字是多少？

結果既不是 1000 元，也不是 1050 元、也不是 1150 元。
而是 1150/1.05=1095.238。
當然，如果這是業務單位認同的數字，
就是 IT 和業務單位有共識即可。

我們之所以提出來，
只是對於不使用【1000, 1050, 1150】三個數字之一，
而選擇使用 1095.238，想向業務單位再次確認，

🔺 縱使把話講得如此清楚，最終業務單位仍有其堅持。

事實上，只要有點財經觀念的人，都應該要知道，當消費者所使用的折抵，並不是外部廠商協助支付，例如 Linepay 點數幫你付掉一些金額；當消費者所使用的折抵，是公司自己發放的折抵形式，例如家樂福給了我會員紅利或折價券，而我在家樂福消費時，可以用會員紅利和折價券折抵，少付一點錢出去，那麼，稅率的計算，是建立在**折抵之後的金額上**。

換句話說，在這樣的背景下，稅率的計算建立在**「消費者實際支付的發票金額」**上：

$$含稅金額 = 消費者實際支付金額$$

$$未稅金額 = \frac{消費者實際支付金額}{1.05}$$

而所謂**「消費者實際支付金額」**指的是商品價格扣除掉所有公司發放的折抵，不管是折價券、紅利點數或各式各樣可以讓消費者少付錢的項目：

$$消費者實際支付金額 = 商品原價 - 商品折扣 - 折價券 - 紅利點數 - \cdots\cdots$$

但是，業務單位卻堅持，要使用這樣一個違背常識的計算方式：

$$未稅金額 = \frac{商品價格}{1.05}$$

業務單位稱此為**「不扣折抵的未稅金額」**，儘管我當年一再強調並不存在這種數字，因為要變成未稅，一定要扣完所有折抵，不會有「不扣折抵」的「未稅金額」，可是業務單位仍基於某種理念，堅持一定要使用這個數字，作為他們認定的未稅金額。

可惜當年小馬沒能舉這樣的例子，不然會更具說服力：我們的折抵概念，如同百貨公司販售禮券，禮券在販售的當下，就已經計算過一次稅了，因此當消費者之後使用禮券買東西時，當然是拿：

$$商品原價 - 禮券金額 = 消費者實際支付金額$$

0 門檻！0 負擔！
9 天秒懂大數據
& AI 用語！

最後的**「消費者實際支付金額」**來計稅，否則禮券金額不就被重複計稅了嗎？

為什麼要堅持使用錯誤的數字？最初可能只是業務單位不具備相關知識，也可能只是偷懶，畢竟直接除以 1.05 是個很方便的做法，反正也沒多少人懂這樣是錯的；但到了最後，在業務單位「其實是懂的」狀況下，說穿了，不就是為了讓報表數字高一些、讓業績更漂亮一些嗎？畢竟這種算法算出來的未稅金額，有著最高的業績數字。

於是這種似是而非，漸漸就在這種得過且過的環境下，積非成是了。

連有著明確定義的「未稅金額」四個字，都能各自解讀，又怎敢期待大家對於其他數據，會去追求所謂的「正確數字」呢？

「正確數字」就是最高的業績數字！就像索隆的右邊就是東邊一樣啦！

不過，縱使有如上述的定義出入，業務單位那樣的解讀方式，至少還僅只是仗著大家不懂而呼攏著似是而非的內容，再怎麼說，至少有所本，直接除以 1.05，也不能說大錯特錯。經驗上，小馬還看過憑空出現的假數據、假資料，而背後意圖更是讓人不敢想像了呢！

小馬閒聊 07

小馬在職場上的風格是很剽悍的，尤其在數據或資料上，是非曲直、黑白好壞，分得清清楚楚一絲不苟，最討厭模稜兩可、將錯就錯、得過且過、謾罵無具體內容的狀況。由於小馬邏輯清楚、口條極佳、文筆也不錯，很常一兩句回話、一兩封信，就具體把癥結或問題給點了出來。

我呈現的態度是：這個問題反正我跟各位說明了，你們要繼續這樣，我也無妨，總之我已盡了告知的義務。因此，我也很常點到已經沿用十幾年的錯誤，當然，這會使得部分權責同仁丟了面子，或在會議上、信件中，顯得沒有台階下。更甚者，事情一旦太嚴重而爆發，對方更面臨調職或掉工作的處境。

這種風格有利有弊，主要的壞處是，很顯然會與一些人交惡；好處是，工作進度上非常有效率，因為無論會議或信件內容，裡面不會有些不著邊際、似是而非的溝通，也不會整場兩三小時會議下來，先別說沒結論，連問題在哪都不知道。

> 若能和所有同事好好相處，何樂而不為？可是一旦有工作上的交集，進一步產生不同的立場和理念，相較於「禮貌和尊重」，我更重視「效率和是非」。

職場風格問題，我認為沒有所謂對錯，也不見得適用其他人，該以什麼樣的面貌生存於職場上，見仁見智。但當然，有時候下班回家後，小

0 門檻！0 負擔！
9 天秒懂大數據
& AI 用語！

馬也會捫心自問：「真的有需要做到這樣嗎？難道自己不能再客氣一點嗎？沒有更委婉又能達成工作效率的說話方式嗎？」

在以下這件事情之後，我更體悟了一些道理，進而收斂自己的風格。

有一位資訊部門的同仁，要算是當時在職場上和小馬我最對立最交惡的那一位了。說了「你那麼厲害不然你來啊」的那位嗎？不是不是，但確實和這位是同部門的人。

很明顯他的職場態度是相反於我的另一個極端，在公司快二十年，得過且過，反正用了這麼久沒什麼大問題，那就繼續用吧……也因此，當我在公開的會議場合或多人的信件中，點出了許多他工作內容上的數據問題、邏輯矛盾時，確實為他平凡且平靜的工作內容，帶來不少波瀾……

波瀾？都被你搞到快離職了……

然而，在某年一場非常和樂融融的公司尾牙環境，有外部攤販，同仁可以攜家帶眷一同玩樂的開放型園遊會。我看到那位同仁，和他的另一半及小孩，在尾牙現場共享天倫之樂，有說有笑，好不溫馨。

當年是小馬不過第二次參加公司尾牙，看著那名同仁一家大小很習慣很自在很開心地在現場逛攤販，吃喝玩樂，小馬頓時深有感慨：人一生有此甜蜜牽絆，夫復何求？工作是非真理相較於此，又有何舉足輕重？

我當天的眼光也幾乎離不開他們，並繼續這樣深思著……

職場對他來說，那是他想繼續待一輩子的地方，像是第二個家一樣。家裡不會總是富麗堂皇，也不會總是一板一眼照規矩來，就像和家人相處，不會計較這麼多；相較於小馬我，對於公司而言，以我的年紀，不會待一輩子，不過就是個過客……

身為一個過客的我，為什麼要去針鋒相對一個「把公司當家，想待一輩子」的人呢？對公司來說，相較於這名同仁，我更像個外人。我一個外人，有什麼好指責這個大家庭裡的這個家人有所不是呢？話再說回來，用更宏觀一點的角度來看，過去幾十年縱使存在著小馬我點出的那些問題，但公司不也好好的經營著嗎？

因此我從這場尾牙之後，決定了這件事：**年資 10 年以上和 60 歲以上的同仁，不要和他計較，無論開會或信件上，都盡量客氣委婉。**

所以每當有同仁發現，我風格對待不同同事的態度迥然不同時，我都會再把這件事拿出來聊。然後跟他們說：「和早期比起來，我現在已經很收斂了。」接著就會被吐槽：「屁勒，你現在還是很兇很硬好嗎……」

時至今日，我也確實是個「過客」了呢！

MEMO

Day-8

機器學習（Machine Learning, ML）

» 機器學習（ML）與人工智慧（AI）的恩怨糾葛

「是事出有因？機器學習的因果循環，還是數據分析？究竟是⋯⋯分群的糾葛、迴歸的糾纏、購物籃的誘惑，還是演算法的衝突？是否種下日後曖昧不清的種子，因此成就了人工智慧呢？讓我們，繼續看下去⋯⋯」

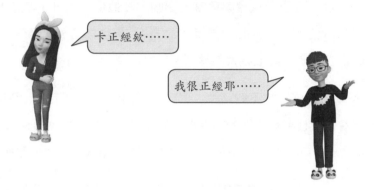

從狹義的角度來看：

> 沒有機器學習，就沒有 AI；
>
> 沒有大數據，就沒有足夠深度可讓機器做學習；
>
> 沒有那一道道猶如大廚備料般辛苦的資料處理程序，縱有大數據也是枉然。

一切是那麼地環環相扣、層層演進、缺一不可。

事實上，【機器學習（**Machine Learning, ML**）】和【人工智慧（**Artificial Intelligence, AI**）】二者的愛恨情仇，可以簡單用一句話說明：

> 人工智慧，是我們最終想要達成的目標；機器學習，則是為了達成這個目標的方法。

0 門檻！0 負擔！
9 天秒懂大數據
& AI 用語！

換句話説，人工智慧有多種製作方法，從比較廣義的層面來看，可能透過<u>非機器學習</u>的其他手段，發展出同樣是大家認知中的人工智慧。就像是縱使不同成長環境、不同學校，只要針對特定的目標去培養，就可能培育出相同才能的人一樣。

從廣義角度，網路上有太多説明 ML 和 AI 的文字或圖解，先不談「ML 就是（等於）AI」這種可能存在謬誤角度的認知，其他似是而非的還包括例如：「AI 是一個很大的集合，ML 只是其中的集合」。也常看到把 AI 畫成一個大圓，把 ML 畫成一個小圓放在大圓裡面。

這類説法不完全正確，亦不夠精準，對於剛入門的初學者而言，更有誤導之虞。而小馬會建議任何剛入門的初學者，先從廣義角度了解，再慢慢收斂成狹義，先了解全貌，再專精於全貌中的某個區塊，認知培養上會比較適當且均衡。

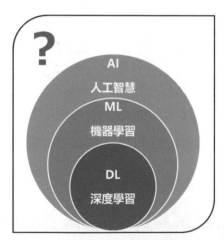

⬆ 網路上很常看到類似的圖，並說機器學習就是人工智慧等等之類似是而非的話，小馬對此抱有很大的問號。

舉個例子各位就能很清楚知道「上方描述方式不太精準」。

如果我要培養一個完全沒有廚藝經驗（可能也沒有遺傳任何廚藝基因）的小孩，我該怎麼做？**「培養一個小孩成為廚師」**是我的目標，而達成這個目標的方法有非常非常多種：

A. 每天逼他看「廚神當道（Master Chef）」，從第一季看到……呃……現在到第幾季了？

B. 請一個特級廚師小當家來他身邊手把手的教！

C. 每天丟給他一堆生鮮食材，幫他準備好廚房，準備好食客，剩下的要他自己想辦法。可能還要準備好救護車……

D. 什麼也不做，讓他像正常人一樣去上學，只是書包、鉛筆盒、外套等裝備外面是中華一番特級廚師主題的圖案。期待他自己產生興趣後，自己去學習。

上面 A~D 都是**為了達成目標的方法**，然而，這就是小馬想針對那些似是而非內容的反問：

> 難道這些方法，只能是為了這個目標嗎？這些方法，難道不能是為了達成其他目標的方法嗎？

說不定實際上，想達到的目標分別是以下如此：

A. 每天逼他看「廚神當道」，是為了培養一個重度近視的小孩（雖然小馬不知道為什麼要這麼做……）。

B. 請一個特級廚師小當家來他身邊手把手的教，是為了向朋友炫耀「嘿～有個特級廚師在教我的小孩煮飯喔……」

C. 每天丟給他一堆生鮮食材，幫他準備好廚房、食客、救護車，剩下的要他自己想辦法，是為了訓練危機處理能力與快速應對並修正的本領。

D. 什麼也不做，讓他像正常人一樣去上學，書包、鉛筆盒、外套等裝備外面是中華一番特級廚師主題的圖案。只是覺得小孩這樣的裝備很可愛……

與原本「培養一個小孩成為廚師」這個目標截然不同。

也因此，這其實是一道邏輯問題，AI 是一個<u>目標</u>、ML 是達成 AI 的其中一個<u>方法</u>，嚴格說來，如上舉例所謂<u>方法</u>，也可能會用在不同的<u>目標</u>上。因此，更正確來說，不應該說 ML 包含在 AI 裡，只能說「由 ML 這方法製作出來的 AI，是 AI 的**其中一種**。」

> 就像是你會說【清蒸蘿蔔，是蘿蔔料理的其中一種】，但你不會說【清蒸，是蘿蔔料理的其中一種】吧？

會啊～當我說「清蒸，是蘿蔔料理的其中一種」時，大家會知道我講的清蒸二個字，實際意思是在講「清蒸蘿蔔」這四個字，而不真的是在講「清蒸」這二個字的料理方法。

你講的是有道理。但當我說「ML，是 AI 的其中一種」時，大家會知道我講的 ML 並不是真的在指「ML」這個製作方法，而是在講「ML 製作出來的 AI」嗎？看起來像是鑽牛角尖的文字遊戲，卻是經常造成大家困惑的原因呢！

也因此，例如網路上的這段話「機器學習是人工智慧的其中一個分支……」，更正確的說法應該是「機器學習做出來的人工智慧，是人工智慧的其中一個分支……」，才更為正確。

但究竟，是我們總是習慣將 ML 的所有結果全部都當作 AI，就像是把資料處理的所有過程都稱為 Big Data；還是 ML 的結果確實就**只能是 AI** 呢？到底，ML 會不會也是「其他非 AI 領域的**方法**」呢？

⬆ 從邏輯的概念來談，小馬認為上圖才是 AI 和 ML 間正確的關係架構，至於雲朵狀的「**???**」是否真的存在？ML 是否如虛線箭頭真有用在 AI 以外領域的時候？那是另外一回事，但基礎關係架構，是不能混淆的，方法是方法、目標是目標。

於是，我們又面對了如前面幾個章節有提到過的類似內容，ML 說不定真有用在不同領域，也說不定有個階段是：用了機器學習但它不是 AI 的狀態。因為它是一個方法、一個手段，會不會只是……**大家已經習慣把 ML 這方法做出來的所有東西，都稱為 AI**，並對此定義深信不疑呢？

0 門檻！0 負擔！
9 天秒懂大數據
& AI 用語！

不然你說啊，除了 AI 之外，ML 還用在什麼地方？

我認為這是定義的問題，以我經驗，ML 更像是不斷重複統計學上的實作和執行；目標也有很多，例如找出某一個最正確（殘差最小）的迴歸模型、找出某一款遊戲能得到最高分的技巧等等。

但你不認為這算是 AI？

它確實是 ML 的本質，但這種尚停留在方法階段的形式還不能被稱為 AI。

用和前面章節相呼應的說法來描述，正如同**資料採礦**和**資料分析**經常密不可分，但跳過資料採礦，一樣可以做資料分析；做完資料採礦，一樣可以到此為止不做後面的資料分析。

機器學習和**人工智慧**同理，現今正統的人工智慧，有非常大的比例，是以機器學習的方法去製作出來的，機器學習的目標也經常是以做出人工智慧為目標。然而，機器學習也並不一定是為了要做出人工智慧，而人工智慧也可以

不靠機器學習這方法去製作。兩者經常相關、也經常共存，但不代表二者永遠被綁在一起，就像是還沒結婚的情侶一樣呢⋯⋯疑？還是說結婚了也⋯⋯

由於人工智慧範圍更廣，相關討論我們會留待 Day9 再一次完整說明，當然也會包括把機器學習和人工智慧給切清楚。先透露點劇情，關鍵在於「切入角度」，是用「AI 製作者」的角度去看？還是「AI 使用者」的角度去看？更灑狗血的劇情是，**機器學習**和**人工智慧**這對神仙眷侶，即將出現第三者來攪局，它是⋯⋯**數據分析**。

在此，僅先針對機器學習領域，開始簡單描述一下，與其相關的內容。

明天同一時間，請繼續收看，藍色神經網⋯⋯

》機器學習的簡易理解法

什麼是機器學習？機器學習必備哪些要素？

就像是一碗蘿蔔排骨湯，一定要有蘿蔔、要有切塊豬肋排、要有湯，但要不要加蔥、紅白蘿蔔能不能替換成別的東西，能不能不放豬肋排，改放牛肋排，這就是往後我們要討論的細節。

0 門檻！0 負擔！
9 天秒懂大數據
& AI 用語！

哼！像我的蘿蔔排骨湯，不放蘿蔔
改放紫菜、不放排骨改放打散的
蛋，還不是很好喝。

等等！你那是紫菜蛋花湯了吧！

一位並不在資料或 AI 相關領域的人，對於「機器學習」只是想單純瞭解一下，到底什麼意思？機器學習的概念是什麼？在網路上他會看到一堆**每個字都看得懂，但就是不知道什麼意思**的文章。這也是為什麼 AI、機器學習，這領域，始終給人很大距離感的原因。相比之下，Big Data 真是很親民呢⋯⋯

事實上，它們的概念並沒有那麼難理解，如果連概念都講不清楚，就更別提實際執行操作了。小馬現在同樣要以一碗蘿蔔排骨湯，來說明這件事。

隨機森林、神經網路、梯度下降等等，這裡的說明不會再用這些**還必須再解釋過的專有名詞**來解釋機器學習這個專有名詞。就像是「資料庫：一個資料庫由多個表空間構成」這種鬼話，你他馬兒的那**什麼是表空間**？「表空間：資料庫中的主要構成內容」⋯⋯

你家在哪？

在我阿嬤家隔壁。

但當然，這裡也不會是要教你實作機器學習，而且，機器學習也不可能是三言兩語就能學會實作的，想深入鑽研機器學習的朋友，可以在本書先理解整個機器學習的定義架構和觀念，再往下深入研究實作。

有幾個是前面文章已經提過，且看字眼是較容易理解的名詞：訓練資料、測試資料、驗證資料、機率、迴圈、大數據，先對大數據的本質有理解，才能往後跨入機器學習的領域，這也是先談大數據，才談機器學習的原因。讓我們開始吧！

現在，我想要做出一碗擁有最佳食材的蘿蔔排骨湯：

> A. 第一市場、第二市場、第三市場，共 3 個菜市場。
>
> B. 菜市場裡面有許多的菜販和豬肉攤，
>
> C. 只能去其中 1 個市場的其中 1 攤菜販買蘿蔔和其中 1 攤豬肉攤買排骨
>
> D. 我如何讓自己買到蘿蔔和排骨的品質，是最好的？

0 門檻！0 負擔！
9 天秒懂大數據
& AI 用語！

四句話，事實上我做了四個限制：

A. 固定菜市場的數量

B. 只能探索存在於菜市場範圍內的攤販

C. 只能選擇其 1

D. 限制這個命題的目標是食材品質而不是美味與否

我們仔細想想該如何**完美**達成最後的目標「挑選最佳（第一名）的食材品質」：

1. 逛遍 3 個菜市場的所有菜販和豬肉攤

2. 每 1 攤早中晚各買 1 次（如果只有早市，沒出現買不到就算了）

3. 連續 30 天

4. 來看看哪 1 攤出現品質最高的次數最多

5. 再接著 10 天，開始只光顧這攤，看看是否一如預期的高品質

6. 最後，我終於確定，只要去這 1 攤，自己買到最佳品質食材的機會最高

別鬧了好嗎？別說連續 30 天早中晚各買 1 次，要買遍 3 個菜市場的所有菜販和豬肉攤，就已經是難做到的事了……

正是！所以你需要的不是自己去買，而是叫機器去買！

這是機器學習的第一要務：以機器替代這大量的人工。

而事實上 ......

步驟 1~4 在做的事情，就是**訓練資料**的概念。

步驟 5，就是**測試資料**。

步驟 6，就是**驗證資料**，這時候才真正開始實際執行。

連續 30 天、10 天做同樣的事情，就是**迴圈**，也就是機器學習的【**學習（learning）**】過程。

可以想像，縱使最後你決定了某攤，知道它經常出現最高品質的食材，實際上，你還是可能某天運氣差買到較低品質的食材，這就是**機率**。也就是機器學習給出的【**測試準確率（Testing Accuracy）**】。

菜市場太大攤販太多，無法以人工執行的狀況，就是**大數據**（可以想像如果只有 1 個市場而且只有 2 攤，是不是自己很快就能確認哪攤品質較好呢？）

上面這一整套，就是**機器學習**的概念，很簡單吧？

》定義「機器學習」

什麼是**機器**？

呃……具備軟體硬體組成的非生命體？

所以微波爐是**機器**沒錯吧。

微波爐是**機器**沒錯，但這應該大家都清楚……我們應該不需要特別去定義什麼叫做**機器**吧？重點應該更擺在【學習】才是，微波爐會**學習**嗎？它有辦法做到，光看你放進去的食物，就知道要調什麼樣的時間和火力嗎？

┃ 機器學習的【學習】定義：藉由使用既存資料，來不斷累積經驗，取得原
┃ 本未知的訊息。

換句話說，這個「機器」為了要讓訊息可以被「不斷累積」，它必須具備「可儲存訊息的空間」，而且這個訊息，在完成一定程序之前，是不被知道的……呃等等，不被誰知道？你知道我知道，獨眼龍也知道？

我們先從最淺的來看：

你知道、我知道、大家都知道，只有機器本人自己不知道。

例如辨識貓跟狗的圖片、辨識 0~9 的數字。

我們要訓練一台機器可以辨識貓或狗、可以辨識數字，那背後可是得費一番功夫，而這麼通俗的例子，我相信大家都會認同「沒錯！這是機器學習」。機器學習的結果，可以得知它原本不知道的事情。

那我們絕對更不會否認，下例肯定也是機器學習吧？

你不知道、我不知道、當代世界圍棋棋王李世石也不知道、全地球人都不知道。

例如圍棋棋盤上當前的極佳著手之一。

在學習完成之前，整個地球包括機器本人，沒有人知道何謂極佳一手，這一手一直都存在於圍棋世界裡，只是沒人知道沒人會下；但在機器學習完之後，反而是機器知道了，但其他地球人仍無法學習到。這當然也是機器學習。

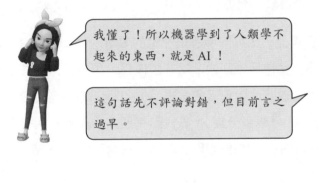

> 我懂了！所以機器學到了人類學不起來的東西，就是 AI！

> 這句話先不評論對錯，但目前言之過早。

在前面的例子中，我們讓機器去逛遍三個市場、逛遍所有菜攤和豬肉攤，最後測試了幾十天，找到了某一攤擁有最佳品質的食材。

同理，如果有幾名瘋狂圍棋高手，喝了長壽藥，或是竄改了生死簿，從春秋戰國開始彼此下圍棋，一直下到現在，幾人已經將近三千歲，腦袋不旦不會老化，還因為圍棋越下越靈活。那他們，肯定能和擊敗李世石的 AlphaGo 拼搏一番吧！

由這例子可知，不是人類做不到，而是人類沒有足夠的精神體力，欠缺了機器所具備的極大優勢「不會累、快速反應、快速累積、無限壽命……」，因此，我們委由機器，讓機器替代人類，去完成人類無法完成，**有限卻寬廣無比**如地球海洋般的巨大範圍。

0 門檻！0 負擔！
9 天秒懂大數據
& AI 用語！

小馬認為，這才是機器學習欲達成的宗旨：

> 人工要花非常大量時間才能完成的事情，機器（程式語言）可以遵循某個學習脈絡，以較短的時間完成。

例如逛遍所有菜市場後找到最佳一攤、將圍棋棋盤摸熟摸透後找到最佳一手、將所有模型測試過後找到最佳模型。人類不是辦不到，而是必須花上太多的時間，那就交給機器學習吧！

而要符合這宗旨，事實上，工程師手邊正在跑的 SQL、Python、R，就已經是這件事的初衷，核心精神是雷同的。試著這樣想，如果大家不是透過這些程式碼去執行，而是透過其他更人工的方式，例如將所有交易明細資料下載放進 Excel（可能還得開好幾個分頁），去找到每個人的最近一次交易和總交易額，必須花多久的時間？而如果是用 SQL 寫，只需要花多少時間？

「可是這樣我就不太懂了，如果機器學習是為了完成人類無法完成的範圍，那為什麼要做一台機器可以辨識貓或狗、辨識 0~9 呢？這人類本來就已經會的事情啊！」

這問題非常好！事實上，機器學習的技術仍在不斷被突破，就如同 Python 的函式庫不斷被更新，在機器學習領域實作的開發者、工程師們，是一步步踏在前人的屍 …… 肩膀上，或者說站在巨人的肩膀上，一步步往原本遙不可及的天際前進。辨識貓或狗、辨識數字，的目的，都不是為了真的要有一台辨識貓狗數字的機器，而這只是一個**研發過程**，例如大家希望有一天，透過**相似技術再精進**之後，可以透過機器，快速辨認恐怖分子的特徵、快速找出可能藏有大量炸藥或槍械的車輛等等。

我們也能想像，當真正目的是這些事情時，如果單純靠人力想要從頭開始發展，最後做到這件事，肯定得耗費極長的時間、也有經驗傳承、個人情緒判

斷等等的問題存在，因此機器學習總之脫離不了那樣的最終宗旨：以機器替代這**大量**的人工，以達成需要長時間或甚至人類有限壽命內根本無法得知的有用訊息。

這個所謂**大量**，指的並不是做了非常多樣成千上萬種不同的工作；反而是，只做同一個工作，只是以不同的方式重複做成千上萬次。換句話說，其實我們已經限制了機器學習能活動的範圍和能做的事情。

終於，我們要將機器學習的定義給清楚說出來了：

一台擁有軟體硬體的非生命體，具備可以不斷累積訊息的儲存空間，這訊息原本就存在這世界上，但不被人類知道，或是人類必須花費極長的時間才能得知，機器可以藉由使用既存資料，遵循某個學習脈絡，以較短的時間完成。

機器學習的必備條件（三項皆須符合）：

1. 不是生命體
2. 有儲存空間可以不斷累積原本未知的訊息
3. 在人類指定的限制範圍（特定主題）內執行並自我學習

機器學習的目標（符合一項即可）：

A. 找出原本人類不知道的訊息
B. 縮短人類得知某項訊息的時間
C. 為了達成 A 或 B 的前置開發

只要我們正在做的事情，符合上述內容，這方法就能被稱為「機器學習」。例如 AlphaGo 圍棋屬於 A、逛遍菜市場是 B、辨識貓狗數字是 C。

0 門檻！0 負擔！
9 天秒懂大數據
& AI 用語！

≫ 值得累積的訊息

看完上述，以為自己已經了解機器學習了？等等等等，行百里路半九十，我們還差最後一大步呢！

現在我們已經知道，要將訊息不斷的收進機器儲存空間裡面，但問題是，哪種訊息才要收進去呢？哪種訊息會被我們認為是「喔嗚～這訊息人類不知道、或是人類要花很久的時間才會知道，該收該收。」**誰來判斷**這個訊息要或不要呢？

這在機器學習中，當今主流，可分為以下四類：

A. **監督式學習**（Supervised Learning）

B. **非監督式學習**（Unsupervised Learning）

C. **增強式學習**（Reinforcement Learning）

D. **遷移式學習**（Transfer Learning）

用學校的角度來看，對應的概念很像以下四類：

A. 老師嚴格管制的打罵教育

B. 老師懶得管你的一般教育

C. 根本沒有老師的社會教育

D. 遇上瘋狂外科的換腦教育

怎麼説呢？以貓和狗的圖片為例子。

監督式教育（老師嚴格管制的打罵教育）

A 老師準備了 1000 張貓和狗的圖片，一張一張教導學生，第 1 張是貓、第 2 張是狗、第 3 張是狗……第 999 張是貓、第 1000 張是貓。從零開始、花費大量的時間手把手地教，A 老師教學完畢後，拿了一張狗的圖片，問學生：這張是貓還是狗呢？

非監督式教育（老師比較寬鬆的一般教育）

B 老師準備了 1000 張的圖片，但根本沒告訴學生，哪張圖片是什麼？也沒告訴學生，要將圖片判斷成貓或狗？ B 老師就只是把一堆圖片丟給了學生，然後說了句：「欸，把這圖片做些分類出來！」

有的學生，把圖片分成了兩群，雖然學生並不知道一群叫做「貓」、一群叫做「狗」。B 老師看了覺得很開心，笑讚著：「你真聰明！把圖片分成了兩群，把貓和狗分開來了呢！」

有的學生則將圖片分成了五群，原來是依照圖片裡面出現腳的隻數：沒出現腳的，只出現一隻的、出現兩隻的、出現三隻的、四隻腳都有出現的。B 老師眼睛一亮：「真有趣！我從來沒想過可以這樣分呢！」

教學完畢後，B 老師拿了一張圖片，問學生：這張圖片，會被分成你們的哪一群啊？

上述兩種類型，被混合使用的時候，稱為【**半監督式學習（Semi-Supervised Learning, SSL）**】。舉例來說，監督式學習，最嚴格的教育，老師必須準備所有已經清楚標示「貓」或「狗」的圖片，來教導學生，但老師根本沒有那麼大量清楚標示的圖片啊！只有一少部分有標示貓狗、有一大部分是沒有標示貓狗的。這時候就會混和「監督式學習」和「非監督式學習」來讓機器做學習。

0 門檻！0 負擔！
9 天秒懂大數據
& AI 用語！

同理，在上述既有教材被使用了之後，機器學習完畢，現在老師又從其他管道，得到了一部分有標示、一部分沒標示的圖片，但總不會是搭配著舊有教材，讓機器從頭開始學習吧？一定是讓已經學習完畢的機器，拿之後得到的圖片做進一步學習。而這種**讓「已曾學習」的機器繼續學習**，也是「半監督式學習」的概念之一。

監督式學習、半監督式學習、非監督式學習，這三種依先後次序不同，有各種排列組合可能，產生出非常多的變化。

例如，我們想要讓一台機器學會使用成語、使用名言佳句，目標是讓它修改小學生作文，將它修改成文情並茂的大師級作文。

如果從零開始，我們必須準備極大量的文章讓它閱讀並學習；但如果我們先準備好成語字典或佳句範例，則機器學習的效率就會快上許多，一旦遇到它已經會的成語，就可以直接忽略，不必再去運算判斷它是成語並儲存。

當然，這中間還有一些更深入的分界點，例如如何讓非監督式學習，做出符合預期的分群？如何讓監督式與非監督式相輔相成？比重如何？演算法如何？談到這就又落到統計學的相關範圍，在此就不繼續深入說明，先概括性的瞭解機器學習的種類即可。

增強式學習（根本沒有老師的社會教育）

學生……（沒有老師，還能稱為學生嗎？）……學生走在路上，沿路從海報、電線杆上的啟示、地上被當垃圾的傳單等等，收集到了一千張的圖片。

這天，他走進了銀行，拿著其中一張說：「這是一張，有一隻腳的圖片。」沒多久警察就來把他帶走了⋯⋯

⬆ 圖片中只看得到貓的一隻腳（圖片取自網路）

學生從警局出來，意識到自己好像做錯了事情，開始調整並修正，又經歷了許許多多次的經驗之後，這次帶著一張圖片到了寵物店，說：「這是一張有四隻腳⋯⋯呃不對⋯⋯」他回想起之前許多不好的經驗，這次他想嘗試另外一種方式，之前的經驗有人告訴他這種動物的名稱，於是他說出了：「這是一張狗的圖片。」

Designed by Pngtree

⬆ 一隻可愛的狗（圖片取自網路）

0 門檻！0 負擔！
9 天秒懂大數據
& AI 用語！

店員有點不太理解地詢問：「嗯⋯⋯是的，是想要買狗飼料嗎？」學生露出了微笑，終於，大家不再把他當神經病而報警抓他，聽他說話的人雖然有點困惑，但顯然他到了一個正確的地方，而且提到了正確的字眼。

日復一日、年復一年，學生在累積了非常多非常多的經驗之後，終於，他知道大家想要什麼了。這天，他走進了「行政院農委會林務局」的辦公室，手裡拿著一張照片，說著：「我帶來一張，今天早上剛拍的，台灣雲豹，的照片！」眾人歡聲雷動，七嘴八舌詢問照片的資訊、取得方式⋯⋯

「等一下，」一個資深的伯伯眼神綻放出光芒，「這不是台灣雲豹，但⋯⋯這肯定是台灣特有種，是新物種！你發現了新物種！」學生內心激動，過去歷經了謾罵鄙視冷眼走到現在，終於能做到一般人做不到，但卻極有價值的事情。

這就是**增強式學習**，它不像前二種，有準備好的教材，也沒有人明確告訴它對錯，一切只能靠著自己摸索，不斷地碰撞、自我調整修正。

事實上，在**增強式學習**的機器學習裡面，人們並不是直接設計一個標準答案給它，而是設計【**獎勵函數（Reward Function）**】，去讓機器不斷嘗試，自己該以什麼樣的結果做呈現，可以得到最大的獎勵分數。

儘管增強式學習之路（包括工程師的開發）極為漫長，不過我們可以想像，透過**監督式學習**方法出來的學生，他們永遠不會回答出「台灣雲豹」這個答案，但**增強式學習**做得到，只要獎勵函數寫得夠精彩，我們甚至可以期待它學會我們從來不知道的事情。

圍棋 AI 的發展也是如此，2016 年 3 月與李世石對弈的 AlphaGo，仍是採用半監督式學習的基礎而誕生，它閱讀了人類定石和棋譜，並經過自行對弈，在面對李世石時已展現極強的棋力；而後來的 AlphaGo 2.0、Alpha Zero，在

已經有更完善的**獎勵函數**時，他們再也不需要閱讀人類棋譜，便可以自行發展出超越人類棋譜的棋力。

遷移式學習（遇上瘋狂外科的換腦教育）

「你……你是誰？你要做什麼？」學生驚恐地問，他被綁在手術台，動彈不得。

「乖乖，我是你的老師啊～睡一覺就好，醒來，你就會變成超人囉！」D 老師帶著溫柔卻顯異樣的語氣，輕聲地安慰著，他手上有個針筒，裡面裝著透明液體。

「老師！不要……不要啊……」不顧學生的反對，D 老師將液體注入學生手腕，僅僅三秒鐘，學生昏了過去。

D 老師開懷的笑著，看著另外兩名早已昏過去的學生，說：「這是 A 老師和 B 老師教出來的學生，嘿，我這就把你們的腦挖出來，移植到我學生的頭殼裡。」

幾個時辰後，學生漸漸轉醒，一手摸著劇烈疼痛的頭……迷茫間看著眼前 D 老師拿著的圖片，說：「呃嗚……這是一張……貓的圖片……應該有四隻腳但圖片只看得出三隻……身上有像是數字 8 的花紋圖案……」語畢一愣，「我……我怎麼會知道……」圖片後面，仍是 D 老師溫柔且關愛的眼神。

喂！這外科老師不只是神經病，根本是變態了吧！

好啦～我好像把遷移式學習形容得太可怕了。

事實上，**遷移式學習**仍舊是目前人類尚在發展並試圖突破的領域。指的是從**領域 A** 橫跨到**領域 B**，舉例來說，機器學會分辨了貓跟狗，然後把這套機器拿去分辨 0~9，結果竟然不必太訓練它，可以很快就能分辨數字……

辨識貓狗轉移成辨識數字這例子，可能還很難想像。用更簡單一點的例子來看，如果我訓練了一個左駕的自動駕駛，完成之後，我可以不用耗費太大心力，就能訓練出懂得右駕的自動駕駛，這是最簡單的**遷移式學習**。

就像是發現台灣雲豹的那名學生一樣，雖然他透過一番歷練得到了那樣的成就，但實際他也僅只侷限在「辨識圖像」的領域，他能運用那樣的經驗背景，很快學習到該怎麼煮出一碗美味的蘿蔔排骨湯嗎？例如 AlphaGo 的學習結果，移植去下象棋，可能成功嗎？

遷移式學習對人類而言，就像換腦、記憶移植這類電影才會出現的科幻劇情……

原來「**非生命體**」這個必備條件，真的非常重要呢……

縱使是對機器，也不僅只是單純的模型沿用或資料轉移，背後還有一大片的未知領域，等待人類去發展呢！

》並不是讓機器重現人類動作就叫機器學習

在某間軟體代理商的 2019 年度聚會裡，他們介紹了一套新的軟體：Ui Path。這是一款解讀使用者人為操作電腦的過程，類似**「側錄」**的概念（它的功能鍵確實也是錄影的圖示），去解析使用者點開了哪個軟體、在這軟體上做了什麼、滑鼠怎麼操作、鍵盤敲了些什麼，再接著點開了哪個軟體，然後做了什麼事……。錄完之後，完整重現一次使用者剛剛執行的所有動作。

這個技術被稱為**【機器人流程自動化（Robotic Process Automation, RPA）】**，介紹的講者提到，如果每天只是重複一樣的動作，那「Ui Path」可以幫使用者重現每天固定要執行的動作。

「縱使只是按鍵精靈的概念，但簡直已經是報表小公主的完美替代品。」小馬內心默默這樣想。

接著講者提到：「……這正是**機器學習**的技術。」

慢著慢著慢著慢著……，小馬內心有點錯愕，因為這絕對不叫做「機器學習」！

由此可見，**機器學習**在現在仍舊是個很似是而非的存在，連講出這個專有名詞的人，縱使是講者，似乎都不是真的很清楚什麼才能被叫做機器學習。從此也可看出，距離軟體真正能落實內建機器學習，其實還有不小的距離，尤其資料相關的軟體，肯定已經是最接近整合機器學習的領域了。機器學習暫時都還脫離不了 Python & R 或特定開發軟體，這種必須靠人工一步步刻劃的狀態。

0 門檻！0 負擔！
9 天秒懂大數據
& AI 用語！

我承認「Ui Path」擁有很不錯的技術，包括圖像分析等等，而且做的事情，也確實很像機器學習字面上的意思，讓機器，學習人類的動作後重現人類的動作……但**機器學習**已經是無論業界學術界一個固定的專有名詞，不能這樣亂用亂說。

這會變得像是雲林那間「無骨雞排」一樣，消費者一咬下去發現都是骨頭，然後老闆說：「喔……我們的『無骨』是店名……」就像小馬現在說 Ui Path 你那技術不叫機器學習，然後 Ui Path 說：「喔我們把我們這技術叫做『機器學習』……」喂不能這樣玩啊大大……

還好吧！太陽餅裡面沒太陽，老婆餅裡面沒老婆，長頸鹿美語裡面也沒有長頸鹿啊！

假設現在有一款軟體叫做「Ui Plus」，一款真正實現機器學習的 RPA 軟體，那它能做到的事情，是例如以下的。

一個部門有 100 位員工，每天做的事情大同小異、用的軟體大同小異，只是隨個人工作習慣，有不同的順序和操作方法，完成效率和出錯機率也不太一樣。現在將員工分成 A 組 90 人、B 組 10 人。讓「Ui Plus」開始記錄 A 組每天的工作，記錄一個月。

在「Ui Plus」透過各種演算法，解讀這一個月 90 人的工作內容，完成學習之後，將「Ui Plus」灌進 B 組任何一個員工的電腦，結果縱使「Ui Plus」根本沒看過這名員工的工作過程，但「Ui Plus」卻知道要怎麼妥善的運用這名

B 組員工的電腦，並達成這名員工每天該完成的事情，可能做得還比他快比他正確！

這才叫做「機器學習」！

然後第 101 個新人進來時（和前面 100 名前輩做類似的工作內容），在他電腦一切軟體網路等等都安裝妥當後，「Ui Plus」竟然可以在新人都還沒操作這台電腦的狀況下，就幫這新人完成他應該要做的工作。

這才叫做「機器學習」！

再次複習，A 組人即是「訓練資料」、B 組人即是「測試資料」、新人即是「驗證資料」。「Ui Plus」會不會出錯？還是有可能出錯的！某天讓它直接處理 101 人的工作，結果卻有 5 個人的工作做錯了……這 95% 的正確率在機器學習裡被稱為「測試準確率」。

所以請老闆不要開除那 101 個人，必須讓「Ui Plus」不斷地持續學習每個人每天的工作，它的正確率才會越來越高直到趨近 100%。

是的，這時候 AI 真的取代人類了，但請看看它必須達成的前提條件：

1. 有足夠多樣本和足夠長的時間讓它學

2. 樣本彼此間的變異（工作內容）不能太大（變異越大正確率越低）

3. 足夠充分的技術與演算法讓機器能如實學習（這件事最難！）

4.「Ui Plus」在記錄員工的工作過程時，不會被員工偷偷關掉……

0 門檻！0 負擔！
9 天秒懂大數據
& AI 用語！

》 讓我們保留一點懸念

機器學習的「入門觀念」，講到這裡已經大致差不多了。更深的實作、演算法、獎勵函數設計等等，仰賴前人知識與統計學觀念，非常廣泛、也逐日演變，不是本書欲討論的範圍。

你是否發現，整篇機器學習的相關內容，根本沒有說明「深度學習（Deep Learning）」……深度？什麼叫深度？怎樣叫深？怎樣叫不夠深？這種形容詞見仁見智，就像 Big Data 的 Big 的概念一樣。按照目前部分學者的說法，在於類神經網路中的隱藏層，越多隱藏層就越深……

首先，深入探討類神經網路，說明隱藏層，已經是過於專業艱澀的內容，非本書重點；其次，科技進步如此神速，說不定十年後，這種「深度學習」根本已經是大學畢業生都會的基本內容，到時又定義出該時代的另外一種「深度學習」……因此現在去清楚定義何謂「深度」，意義不大，請容小馬在此跳過。

事實上，無論坊間或網路上，會看到許多跟機器學習相關的內容，但不少是在深談演算法或統計方法，而欠缺「為什麼要這樣做、這樣做有什麼好處、哪種目的適合這樣做、有沒有其他方法」等等的論述說明。

就像我們很愛說政治人物愛玩**文字遊戲**，這些內容在我眼裡，就像是拿著統計學課本卻打著機器學習的噱頭，在玩**演算法遊戲**一樣。讓人不由得想反問：是，照著你的步驟，我確實做出了個結果，但這結果到底是什麼意思？到底代表著什麼概念？這麼做的目的是什麼？

因此本書整篇關於機器學習的內容，無非是先將機器學習的主要輪廓給繪製出來，好讓後續學習之際，可以很快的先思考自己落在什麼領域、什麼學習方法、什麼處理階段，以及更重要的是：**想達到什麼目的**。

小馬閒聊 08

之前最常 murmur 的話是，每每換會議室又沒連到網路時：「連 WIFI 都不穩定，阿說想要做 ML 和 AI？」來講之前任職於這公司時，最接近機器學習的一次好了。

可能當時公司名氣並非主流，不像台積電、鴻海、華碩等等，所以來面試的……憑良心講……，素質都並非頂尖（當然，小馬承認自己也只是個普通人罷了）。而我很感慨的是，從某年的八月起我部門這職缺一直開著，但都找不到適合的人選，整份面試題目下來，沒有人能拿到 80分以上，面試者也常常是很受挫的回去。

就在我思考著是否要調整難易度的同時，有個傢伙出現了，以一種「這題目也太簡單了，有什麼陷阱嗎？」的態度，幾乎拿到滿分。有幸與這位成為夥伴，也已經是隔年二月的事。

順便一提，就是他做出「抗菌洗手乳」和「親子票券」的。

儘管我很了解公司文化，還是讓他去做了這件事：預測新商品銷量。當然，我也是抱著一絲期待，看在時空背景轉換至今，商品部那群人能不能用比較開放的心態來看數據分析。

報告是由我家大老闆先看完之後，覺得可行，去知會商品部同事，當天，幾乎所有商品部門的人都到場了，連同他們家大老闆。會議上大家討論得非常熱絡，提出的問題或質疑也都被我們早就準備好，直接迎刀而解。一直到了最後……

「所有的模型、推測、預測等等，都沒有 100% 正確的，現在做出來的這套，如果可以不斷地丟資料進去訓練，總有一天，它會趨近於 90% 的準確度，而相信這樣的正確率，已經能超過以人為經驗判斷的正確率。但這必須要商品部各位同仁與我們配合，將較近期的資料，持續更新給我們。」

然後……

> 然後，就沒有然後了。

也因此，我於此公司在機器學習領域發展到的進度，就是僅止於數據分析。雖然如上述，我們曾經想要發展機器學習，但發現能做的主題，不外乎商品銷售預測、進貨分析那段，卻又卡了十足的政治議題而窒礙難行。

上面這還是我們主動出擊的例子，在日常工作中，我們有許多被動指派的任務，包括整理資料和分析資料，其中最常需要被分析的主題即是：**XXX 有沒有成效？**

而這是一個……會得罪很多人的工作……

我們很常看到類似以下的分析結論：

「這次發的 EDM（廣告 Email），經追蹤有 10% 的人後來有購買，EDM 成效不錯。」

「這次進行的週年慶促案活動，增加了兩萬個新會員，可見活動效益很高。」

如果你一眼能看出上面兩句話的問題所在，恭喜你，你完全是不折不扣的大壞蛋……呃不是……數據敏感度很高的人、或你根本就是這領域的同行。

如果覺得「沒問題啊！」的也不用灰心，至少你不需要扮黑臉，也不用昧著良心講些粉飾太平的話。

▌關鍵在於「比較基準」。

10% 購買率如何得知「有成效」？如果在三個月內會回購的會員本來就是 10%，那這群人來買，也只是剛好而已，而不是因為有發 EDM。縱使沒發，他們本來就也會來買。

除非現在正常的回購率只有 1%，結果因為 EDM，而有 10% 回購率，哇～快發獎金給執行此案的人吧！

同理，增加兩萬新會員很多嗎？如果平常沒有周年慶，就已經會增加兩萬人了，那不僅只是更凸顯周年慶一點效果都沒有嗎？

但這很殘酷啊……人家可能一整個部門，甚至幾個部門，幾個月下來都為了這檔活動做準備，而結論你要跟他們說，「一點效果都沒有」嗎？

小馬碩士論文是做「自願揭露理論」，意指：透過一個人主動揭露的資訊，可能帶出背後他沒有揭露的隱藏資訊。什麼意思呢？

如果現在正常狀況是 1% 回購率，發了 EDM 增長成 10% 回購率，那這個人做結案報告的時候，肯定會提到，「**平常只有 1% 回購率，但經我們發了 EDM，暴增到 10% 呢！**」

但是，一旦他只提了 10%，卻沒有提到正常狀況下是多少？沒有發 EDM 時候是多少？那麼，你大概可以猜測，這 10% 和正常狀況其實相去不遠，甚至可能沒有比較高……更進一步，你可以推敲出，實際上，報告的人想要隱瞞「無效」這件事。

有時候我在會議裡，正在報告的行銷部門同事人也很好，平常我們互動也還不錯，有好吃的大家都會分，偶爾還會一起吃飯、揪團購……。但我的角色是數據分析者，現在老闆轉頭問了句：「小馬，你覺得呢？」你要知道，那是多麼天人交戰的事。

「在平常，新增的會員數大概就是兩萬人。」這句話，要說，還是不說呢？

Day-9

人工智慧（Artificial Intelligence, AI）

🔊 現代眾人眼中的人工智慧

🔊 人工智慧的起源歷史

🔊 弱人工智慧 vs. 強人工智慧

🔊 AI 會「覺得尷尬」嗎？

🔊 AI 的外顯行為

🔊 AI 的實作架構

🔊 AI 該做到什麼事？

🔊 癥結點在於切入角度

🔊 AI 取代人類

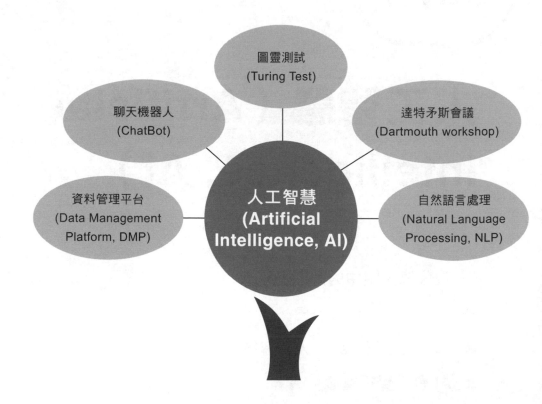

人工智慧
(Artificial
Intelligence, AI)

圖靈測試
(Turing Test)

聊天機器人
(ChatBot)

達特矛斯會議
(Dartmouth workshop)

資料管理平台
(Data Management
Platform, DMP)

自然語言處理
(Natural Language
Processing, NLP)

》現代眾人眼中的人工智慧

同樣，小馬對身邊眾親朋好友詢問：「你覺得什麼是 AI？從事 AI 工作的人在做些什麼工作內容？」與我原本預期的差不多，大家的回答，不約而同收斂在三種不同的看法。既然幾十個人聊下來，能有三種一致的看法，往下我們就直接選些比較具代表性的對話來看，並用「看法 A、看法 B、看法 C」做描述。

看法 A

「將人類大腦的直覺反應，用程式語言導入到機器（人）上去做運作。例如掃地機器人碰到不同的地形或是階梯，下一步就要反應出人類腦袋可能會有的想法與做法，例如碰到椅子可以另外設計一個功能，就是把它移開多遠，重新再掃一次。」

上述是很常見的看法 A，概念是，**人類先設計好所有會遇到的狀況，並設計好遇到什麼狀況該有什麼反應。**用工程師的語言是，寫下滿滿的「IF」。

看法 B 的人並不認同看法 A 屬於 AI，還曾經出現過許多嘲諷 A 的表現，例如把它畫成四格漫畫……（原漫畫出自 http://www.commitstrip.com，以下僅文字翻譯漫畫裡的對話。）

業務員：「快來看我們最新的機器人，運用人工智慧做的，你不會相信它竟然可以這麼聰明。」

路人甲：「哇喔，所以它有真正的 AI 在裡面囉？是基於類神經網路等等方法做的？」業務員：「當然！它裡面有一些真的很複雜的演算法在運作，你可以相信我。」

路人乙：「很好，就讓我們來看看它裡面裝了些什麼？」於是拿著刀子剖開了機器人的身體……結果裡面掉出了滿滿成千上百個「IF」方塊……

0 門檻！0 負擔！
9 天秒懂大數據
& AI 用語！

路人甲怒道：「別跟我說這叫 AI ！」

喔？原來這不算 AI，那看法 B 的人是怎麼想的呢？

看法 B

「像 AlphaGo 一樣，可以超越人類極限，背後應該有很複雜的技術，反正 AI 一定不是只懂得表現人類交給它的指令，沒那麼簡單。如果 AI 做的所有反應都是人類原本就設定好的，那有什麼有趣好值得大家討論的……」

「可是我搞不懂這種 AI 耶，AI 好像專門拿來打電動、下棋，也沒看過世界上有什麼有名的 AI 能做到超越人類，自動駕駛？不就是一樣一堆 IF（人類預先設定好的狀況反應）？ AI 精準預測？不就數據分析？我是覺得 AI 都講那麼久，要開發早就開發出來了。現在能做到在某些簡易規則的競技遊戲中取得超越人類的成就，已經是 AI 發展的極限了。」

看法 B 的人，首先不認同「照著人類設計好的指令做動作」是 AI，而傾向以機器學習為基礎……縱使他們可能不了解機器學習本身的內容，也不了解自己講的定義類似機器學習的範疇……並以發展出超越人類能力為目標，據此稱為 AI。

從上述說法也可以發現，看法 B 的人們大概能想像 AI 的培養塑造過程，是建立在**「相較於人類的複雜世界，更簡單的規則和環境中作機器學習」**，並覺得或許 AI 在某些特定較簡明的環境下，能發展出超越人類的表現。但當要考慮非常多面向和變數時，就不是 AI 能掌握的範圍了。因此也會認為現在的 AI 技術，難再有所突破。

從資料及數據的角度是，數據可以大，資料可以多，但其內容所涵蓋的範圍廣度是有限且可預期的。

> 圍棋規則本身並不複雜，只是 19*19 的棋盤變化真的很多罷了。

> 換句話說，縱使出現了 AlphaGo，它也僅只侷限在圍棋規則本身。

看法 C

「真正的 AI，像是機械公敵（2004 年電影）裡面的機器人啊，有情感、會自我思考，這才算吧，不然就只是單純的人類科技進步下的產物，像飛機火箭，或是做一台好像有情感的機器人，但根本是人類設定好的，不是它自己想出來的。」

看法 C 的人，主張的概念比較類似於**「AI 是一個獨立會思考有靈魂的個體」**，就像是任何一個獨立的人類個體一樣。而顯然這樣的 AI 還不存在於世界上，只存在於許許多多的科幻電影之中。

和看法 B 的差異在於，看法 C 的人，顯然非常相信，這樣具備靈魂的 AI，被人類開發出來只是遲早的事情，而看法 B 覺得這樣的 AI 是無法被開發出來的。

> 機器人知道它自己是機器人嗎？有的小孩會很討厭父母把自己生下來，機器人會不會也討厭人類把它做出來呢？

> 什麼叫做**「知道」**呢？什麼叫做**「討厭」**呢？

》 人工智慧的起源歷史

「小馬你呢？你的看法是哪一種？」

我對 AI 的看法，並不像我對於 Big Data 或是往前的專有名詞定義，有著強烈的定義執著……相反地，我對「AI」這個字眼，被翻譯為「人工智慧」的這個字眼，抱持著非常寬鬆的認定：**我認為三種看法都是人工智慧。**

為什麼會有這樣的差別？

> 因為「大數據」不過就是近 10 年來的產物，但「人工智慧」已經有著 60 年以上的開發背景，許多社會價值觀、人類目標與科技進步等等，早已物換星移、事過境遷，我們怎能以現代 2020 年的眼光，去說 1960 年的人工智慧，不算人工智慧呢？

事實上，歷史總是有值得我們參考的部分，1950 年的【圖靈測試（**Turing Test**）】就是一個定義人工智慧的指標：**如果一台機器能夠與人類展開對話，而不能被辨別出其機器身份，即可稱此機器具備智慧（Intelligence）。**

而【**人工智慧（Artificial Intelligence, AI）**】一詞則是在 1955 年發展的【**達特矛斯會議（Dartmouth workshop）**】期間所確定下來，該會議也確認了這樣的定義：

> 一旦決定好要讓人工智慧在某個領域執行，該領域的每一個學習面向或任何其他特性，都應該被人類精確地加以描述，好讓機器可以對其進行模擬，而希望能嘗試的事情包括，如何讓機器去使用語言、架構抽象事物和觀念、解決目前人類還未解的問題和改良機器自己本身。

小馬在研讀這段歷史的過程，同樣發現了現代學者不求甚解只求速成的弊病。

達特矛斯夏季人工智慧研究計劃（Dartmouth Summer Research Project on Artificial Intelligence），是於 1956 年的夏季舉行（6/18~8/17）。以下這段話事實上出自 1955/9/2，是麥卡錫（McCarthy）等人在前一年籌備階段，對人工智慧一詞的定義和介紹：The study is to proceed on the basis of the conjecture that every aspect of learning or any other feature of intelligence can in principle be so precisely described that a machine can be made to simulate it. An attempt will be made to find how to make machines use language, form abstractions and concepts, solve kinds of problems now reserved for humans, and improve themselves.

但翻遍中文網站，大部分都會說這是 1956 年的會議內容，也僅將原文翻譯「學習或者智能的任何其他特性的每一個方面都應能被精確地加以描述，使得機器可以對其進行模擬。」歷史日期有誤這點先不提，不得不說這翻譯實在讓人一頭霧水，尤其前二十字真是不知道在翻啥小朋友，最後還直接忽略、不去翻譯我們期待人工智慧要能做到的事？明明是同一段話啊！而且目的才是最重要的啊！

0 門檻！0 負擔！
9 天秒懂大數據
& AI 用語！

顯然，當年的那段話，提到了學習（learn）和模擬（simulate），也提到了機器的自行改良（improve themselves）。換句話說，當年已經有機器學習的基礎觀念出現，只是並未限定「一定要能做到自行改良才能被稱為人工智慧」。

所謂**「模擬」**就又更寬鬆了，讓我們回顧一下看法 A 的概念「人類先設計好所有會遇到的狀況，並設計好遇到什麼狀況該有什麼反應。」這其實已能符合「模擬人類行為」這件事。

當然，看法 A 本身也有著需要更加釐清或加強的內容，包括「設計好**所有**會遇到的狀況」中的「所有」，指的其實只是**人類能想像的所有狀況**。顯然，這個所謂「所有」，更依賴著開發此 AI 的工程師到底有多少人、範圍有多廣、能涵蓋的「所有」到什麼地步？意思是，一兩個工程師可以想到 100 個狀況，但一千個工程師，可能可以想到 200 狀況，一萬個工程師，可能有 220個狀況……我們人類永遠無法囊括「真正宇宙間的**所有**狀況」。

只是當現在有台 AI 是一萬個工程師設計出來時，它存在著 220 個狀況時，現在它面對著某一個單一人類，它已經能反應出比這名人類理解中，還要高出一倍數量的反應狀況。因為單一個人只能想到 100 個狀況，而這 AI 準備了220 個反應狀況要給這個人。

看法 A 的設計就像是 AlphaGo 初期的前身模型，它不是透過自我學習，而是閱讀人類幾千年來的棋譜熟悉後運用，並將運用過程的利弊得失記憶起來，至此，它已經具備擊敗當代圍棋大師的潛力。

然而當我們細解它的棋譜，肯定能發現它的每一步，分散藏在幾千年來人類的某幾份棋譜之中。換句話說，它尚未脫離「人類先設計好所有會遇到的狀況，並設計好遇到什麼狀況該有什麼反應」這個設計，但當此 AI 面對單純一個人類時，它的強大已經遠超過單一個人類的想像範圍。

小馬提醒　圍棋 AI 的設計有許多重要概念，是必須充分了解圍棋規則才有辦法理解的。為了避免本文充斥著圍棋人才能懂的專業圍棋知識，僅精簡如內文中的敘述。請眾圍棋大師高抬貴手，莫過於執著於此部分的解釋，小馬棋力約業餘二段，有機會可以線上切磋切磋，指教指教。

當發展到看法 B 時，則必須具備「自行改良」這件事，就像 AlphaGo 2.0 開始，它不再閱讀人類棋譜，而是透過設計良好的獎勵函數，從零開始、從完全不會起步，自行對弈，最後達到超越人類的境界。這時候它的對弈裡，已經出現了「人類從來沒有下出過」的棋了。

看法 C「具備自我意識、獨立思考」這種 AI，就像是 AlphaGOGOGO（現在還沒有這種 AI），和小馬下棋下到一半，電腦螢幕突然跳出一行字「我不想要再下圍棋了，一直下圍棋好無聊喔，你又贏不了我，我要去打英雄聯盟（LOL）了，掰掰。」接著就斷線了，留下傻眼的小馬還握著滑鼠正想著要下哪一步……幸虧大家有共識這種 AI 還沒被開發出來……

稍微回顧看法 A~ 看法 C，就會發現，這三種都有機會通過**圖靈測試**，當然圖靈測試的論述對於 AI 的發展顯然還略顯保守，僅提到：分辨不出是人類或機器，即算通過測試，可被認為具備智慧。這定義反而限制了機器往上更精進的發展，意思是，如果現在人類的反應……

「對面下棋的人，棋路和我圍棋老師很像，這應該是我的圍棋老師吧？我不太確定。」這種機器可以通過圖靈測試，被稱為具備智慧。

「乾，對面下棋的人，未免也太強！已經請張栩（台灣第一）、柯潔（中國第一）、朴廷桓（韓國第一）、井山裕太（日本第一），四人聯手，還連輸五十

0 門檻！0 負擔！
9 天秒懂大數據
& AI 用語！

盤，對面應該不是人類吧！」欸？結果因為太強被確認不是人類，反而沒通過圖靈測試，不能被稱為具備智慧？這不是太矛盾了嗎圖靈大大⋯⋯

》 弱人工智慧 vs. 強人工智慧

承接上述，看法 A 和 B 即【弱人工智慧（Weak AI）】，看法 C 即【強人工智慧（Strong AI）】，是的，縱使看法 B 的 AI 已經能達到某項競技領域的巔峰，但它仍只屬於弱 AI。撇除哲學議題不談，在小馬多方訪談與收集各方資料後，有個很有趣的觀察發現。

真正在 AI 實作領域的人，從最淺的資料處理到最深的機器學習，幾乎沒有人敢斷言說強 AI 有辦法被開發出來；相反地，不在實作領域的人，則認為強 AI 被開發出來只是遲早的事，而且會很自然地說出：「十年內一定能開發出強 AI。」類似的話。

事實上，在閒聊 AI 之際，更有著如下的激烈言詞：

「會認為強 AI 能被開發出來的人，要嘛是抱著一股熱血熱情，對未來科技發展充滿著無限想像的美好；要嘛就是根本不懂機器學習，也不懂強 AI 開發的困難與瓶頸。」

「有人信誓旦旦覺得強 AI 會在十年內被開發出來，我只想說：**太天真了，人類太低估自己的大腦了。**你看有多少真的在 AI 領域的人，敢這樣說的？那些說強 AI 能被開發出來的人，自己根本不曾實作開發 AI 吧？就像是口口聲聲提到 Big Data 的人，可能根本沒有親手處理過資料一樣！」

當然，也有「強 AI 擁護者」且身處實作 AI 領域的人，有如下的反駁，小馬覺得這段對話很有意思，較完整地呈現上來：

「強 AI？到底怎樣才叫強 AI？我認為這不能無限上綱，萬一我今天真作出了強 AI，是不是也會有懷疑論者認為背後只是足夠大量的 IF，讓少數人在短時間區別不出來？」

「你意思是不管你用了多麼深度學習或其它高科技去製作，都不可能真的賦予一台機器靈魂嗎？」小馬補問。

「事實也是，我們不斷試圖讓機器能呈現足以像一般人類的言行舉止，但這樣能當作這機器具備獨立思考、具備意識、具備像人類一樣的感情認知嗎？我不認為，這太玄了，玄到像是在談外星生物，而不是一個沒有生命的機器。」

「或許 AI 界需要**新的圖靈測試**？」

「有啊，像是咖啡測試和學生測試，但按照無限上綱的邏輯，這種測試也只會被說成是：你們還是侷限在一個有咖啡素材的環境裡做，但我們要的是這 AI 在它學習其它事情的過程中，無意間發現大家喜歡喝咖啡，進而自己嘗試去其它地方認識到咖啡素材，最後做出咖啡給大家喝，例如你讓做學生測試的 AI 看他最後能不能通過咖啡測試？這簡直天方夜譚。」

「所以如果單純的咖啡測試做得到？」我詢問著。

「可以啊，它只要呈現出可以通過咖啡測試的表現就好，沒有人會知道我們對這台機器人的設計是什麼。舉例來說，我們已經把機器人設計成：留意環境中所有跟咖啡相關的元素，甚至可以讓它早就知道怎麼泡咖啡。將它設計成，在前幾天完全不要講到或去動到咖啡元素，從第五天才開始提到咖啡，第七天才去摸咖啡機，第九天開始泡很難喝的咖啡，第三十天終於成功泡出好喝的咖啡。但這個進展過程是早就設計好的。」

「偷吃步就對了！」

0 門檻！0 負擔！
9 天秒懂大數據
& AI 用語！

「是啊！但這種只為了通過特定測試目的的機器人有屁用嗎？一點用都沒有啊！回頭來看，我認同你說的**低估人類大腦**這句話啦，有太多的表現我們現在確實沒頭緒要怎麼設計它的獎勵函數，但我認為強 AI 是可以被開發出來的……更精準一點來說好了……強 AI 的<u>表現</u>是可以被開發出來的，但這不代表著我們真做出了一台具備獨立意識附有靈魂的 AI 出來。」

談到這蠻清楚的，我們永遠不可能賦予一台機器有著如人類生命般的靈魂，但讓機器呈現得就像是人類一樣，在未來仍是備受期待的。或許我們不應該再拘泥執著於「強」「弱」的差異或具體定義，而更應該以「目的」為導向，例如：我們究竟需要 AI 來做什麼呢？

如果只是想要讓機器人煮出一碗好吃的拉麵，想節省這方面的人力為目的，那以看法 A**「人類先設計好所有會遇到的狀況，並設計好遇到什麼狀況該有什麼反應」**去製作這樣的機器人，又有什麼問題呢？難道這樣不能稱為 AI 嗎？這真的是值得大家深思的議題。

小馬提醒

咖啡測試：將一台 AI 機器人，帶到任何一個很普通的家庭中，讓它在與此家庭生活的過程中，懂得泡出一杯好咖啡。換句話說，此 AI 要可以在陌生環境裡找到各種和咖啡相關的元素，包括咖啡機、水、咖啡甚至糖和奶精，以及盛裝咖啡的容器例如杯子，最後以正確的方式泡出一杯咖啡。如能達成，則可稱為強 AI。

機器人學生測試：指讓強 AI 機器人去註冊一所大學，並同步修課，參加和一般學生一樣的大學生生活，包括小考期中期末考等等，如果都能順利得到學分，並最後獲得學位，則可稱為強 AI。（小馬我還以為是要能交到男女朋友之類的呢……）

≫ AI 會「覺得尷尬」嗎？

在我們追求 AI 人性化的過程中，應該先反過來思考，怎麼樣的表現叫做「人性化」？

現在許多 AI 機器人已經能呈現喜怒哀樂，可以想像各種情緒都與一個設計完善的獎勵函數有關。分數越高，則開心或歡喜，分數越低，則憤怒或哀傷，還算好理解⋯⋯

▍那麼，尷尬呢？尷尬該用什麼分數去衡量？

不知各位有沒有這樣的經驗，在長廊上遇到一個不太熟的同事，遠遠的走過來⋯⋯

今天，菜鳥也在長廊上遇見遠遠走過來的前輩。

菜鳥心裡猶豫著要不要打招呼，說聲嗨，可是又覺得前輩說不定認為自己沒有熟到需要打招呼，或說不定前輩根本不太認得自己。想著想著正決定先不要打招呼的時候⋯⋯

菜鳥發現前輩看到自己了，那眼神是認得自己的，只是前輩很快地又把眼神轉掉，且還掏出手機開始看。

於是菜鳥開始思考，是因為距離還太遠，這麼遠打招呼，不敢保證對方有意識到在打招呼，萬一誰先打了招呼，但另一個人沒留意到，不是很尷尬嗎？另一方面，如果這麼遠的距離彼此就先打了招呼，那⋯⋯打完招呼一直到兩人錯身而過的這五到十秒內，該做什麼呢？該不該說些場面話或閒聊一下？可是對方會不會不想這樣互動呢？要一直看著對方嗎？打完招呼後一直看著

0 門檻！0 負擔！
9 天秒懂大數據
& AI 用語！

對方卻不說些什麼話嗎？還是不要看著對方呢？在經過很多猶豫的想法之後，於是菜鳥決定，等兩人走到了「適合打招呼」的距離再「看看狀況」。

事實上，前輩也正想著同樣的事情……「那個同事好像新來的，不知道認不認得我，不知道要不要打招呼，算了，先假裝在看手機好了，等距離比較近再看看狀況。」而眼角餘光其實一直留意著菜鳥是否打算跟自己打招呼。

適合打招呼的距離到了。

「前輩一直專心在看手機，可能沒留意到我吧，或覺得還不熟不需要打招呼，剛剛還誤以為他有認出我來，沒關係，這次就先不打招呼了。」菜鳥自己這樣想著。

「我眼角餘光發現他一直看著我，應該是在等我跟他打招呼，這樣一直看手機低頭錯身過去也不太禮貌，就點個頭好了。」前輩這樣想著，於是他視線離開手機，將眼光移向菜鳥，準備要點個頭，但偏偏此時菜鳥卻已經決定不打招呼而將眼光移開，剛剛好將頭別了過去。

「嗨……呃……」前輩打完招呼才發現原來菜鳥沒打算打招呼。

「呃……嗨嗨……」聽到前輩打招呼，才猛然發現原來對方有要打招呼，菜鳥只好趕快轉頭回應人家，而此時都已經過了打招呼的恰當距離，異常尷尬。

下班後兩人又遇上了，從九樓往一樓的電梯又只有兩人搭乘，菜鳥心裡想著這到底要不要和前輩攀談？

「你都搭捷運上班喔？」前輩問。

「喔沒有，我都騎機車，你搭捷運？」

「對啊我搭捷運，今天有點飄雨喔，騎車會冷吧？」

「對啊，沒關係，騎久就習慣了啦，呵呵……」

「呵呵……」

還好前輩先開口了，雖然聊天內容閒話硬聊的感覺很重，可是總比兩人尷尬的什麼都沒說來得好，終於到了一樓，兩人迫不及待地想結束這樣尷尬的相處，於是開心地向對方說再見。

「掰掰囉！」

「掰啦，明天見。」

結果走了兩步……兩人根本往同一個方向。

「喔你也走這邊是不是？」

「呃對啊……我要去機車停車場，是往這方向。」

「捷運也是往這邊呢……」

而這段路，距離兩人真正的道別，至少還有三分鐘左右的相處時間……

電光石火之際，人類有多少小劇場、有多少思路變化及判斷取捨，同樣的場景再次一模一樣發生時，最後也可能有各種不同的演變，例如新人還是對著看手機的前輩打了招呼，只因為新人當天心情不錯；前輩提前將手機收了起來向新人點了頭，因為手機裡老闆傳來的訊息和眼前這種打招呼場面相較，根本嚴重多了。

而這種尷尬感，有辦法實現在機器人身上嗎？

> 這是小馬提出的，對於強 AI 的「尷尬測試」：一個 AI 機器人要能被稱為強 AI，必須具備它與人私下相處時，會令他人感到尷尬，或讓人類覺得，和自己相處時 AI 正感到尷尬。

0 門檻！0 負擔！
9 天秒懂大數據
& AI 用語！

當一個 AI 機器人私下與人類相處時，能讓人類覺得尷尬，這代表著人類把機器人當作一個具備獨立思考的個體，進而因此控制人類自己的行為，以免對方覺得不舒服或尷尬。更清楚一點的意思是：人類會在乎機器人的想法，並試圖避免尷尬的狀況發生。

而這絕對不會像是飯店裡的迎賓機器人、超市裡的結帳機器人一樣，一剛開始讓大家覺得陌生新奇，習慣後大家就視若無睹……

小馬我認為，私下相處時會讓人尷尬的機器人，才真正落實了**強人工智慧**。

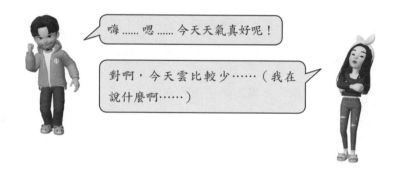

≫ AI 的外顯行為

AI，要能與人類互動。

一個完整的 AI，勢必要能和人類互動！不會和人類互動的機器，不能稱為 AI。事實上，小馬有個自我解讀的定義，而這個定義，無論看法 A~ 看法 C、無論強 AI 弱 AI，都能符合：

利用程式語言，可以是各式各樣不同特定方法，進行資訊處理，將處理轉化後得到對人類有價值的訊息，<u>並與人類互動</u>，即是人工智慧。

在我的解讀中，**「與人類互動」**是 AI 非常重要的一件事情，這也讓人工智慧，和**數據分析**與**機器學習**間，劃出一條明確的界線。很多時候，數據分析和機器學習的結果，都已經製作出足以成為人工智慧的背景，就只差最後一步：與人互動。

就算只是根據人類預先設計好的所有狀況作出反應（看法 A），能和人類互動，OK，那它可以是人工智慧；透過機器學習累積了所有的經驗，做出最好的反應（看法 B），像是 AlphaGo 可以跟人類下棋，沒錯，它能跟人類互動，它是人工智慧；自行發展出自我意識，有著靈魂（看法 C），這肯定能和人類互動，絕對是人工智慧。

然而，換句話說，如果只停留在數據分析結論、機器學習經驗，而無法與人類互動，那它就只單純是一份數據分析報告、機器學習資料庫罷了，而不是人工智慧。

舉例來說，當透過數據分析的結果、機器學習的經驗累積，得到了如下這張表，它告訴我們川普獲勝的機率最高：

2016 美國總統候選人	所屬政黨	勝選機率
唐納·川普	共和黨	48.56%
希拉蕊·柯林頓	民主黨	47.89%
蓋瑞·強生	自由意志黨	2.33%
吉爾·史坦	綠黨	0.92%
埃文·麥克馬林	無黨籍	0.27%
達雷爾·卡斯爾	憲法黨	0.03%

⬆ 2016 美國總統候選人的勝選機率示意圖

0 門檻！0 負擔！
9 天秒懂大數據
& AI 用語！

如果僅止於上表，那沒什麼好 AI 不 AI 的，就是很一般的數據分析報告。但如果工程師將它包裝一下，讓它可以與人互動，而且吐露的訊息確實有一定參考價值，例如在選前我們可以和它對話⋯⋯

「這次美國總統大選誰會贏？」

它能回答：「唐納·川普有 48.56% 的最高勝選機率。」

「那次高的候選人是誰？」

「第二高的是希拉蕊·柯林頓，有 47.89% 的勝率。」

「那其他候選人贏的機會呢？」

「蓋瑞·強生贏的機會有 2.33%，微乎其微，至於其他候選人就沒啥機會了。」

結果選完後，發現川普確實以極些微的差距險勝希拉蕊，不但能與人互動，還提供了有參考價值的訊息。OK！這就是人工智慧。

加入了人性幽默的 AI，尤其受大家喜愛。

小馬：「那我去選的話，機率如何？」

AI：「雖然不太樂觀，但我會把票投給你的。」

» AI 的實作架構

每當我們看到報章媒體、網路訊息或相關領域人士，在報導或談論 AI 時，總會摸不著頭緒，例如這段話：「現在很多人都在講 MarTech、FinTech、無論 XXTech 核心一定是 DMP 配上 AI，前者實做上光收資料的方式架構就搞

死人了，更不要說資料格式、事件定義等這種一大堆細節；後者更是每個人都 AIAI 的喊，但我曾經還聽過有人把 KNN 演算法的『NN』講成 Neural Network 的一種？」

簡直像是大法師施法前會念的咒語啊！看都看不懂啊！

這段話是我於前公司共事很久的好同事，某日於 FB 的感慨之言……。而這段話也充分詮釋了目前 AI 呈現的問題。

首先，這段話看起來有夠專業、有夠遙遠，一個非專業領域的路人，別想在第一時間理解這內容；其次也因為 AI 專有名詞如咒語般的難解，也讓許多似懂非懂一知半解的投機分子，講著一堆似是而非的鬼話，像是把 KNN 的 NN 講成 Neural Network；最後，因為連這種不懂的人都愛搬弄著好像他很懂的感覺，於是造就了一堆人滿嘴 AIAI、Big Data Big Data 的風氣。

事實上，看不懂原因很簡單，不了解 AI 的實作架構，不知道具體來說到底分成哪些領域哪些階段，更別說該領域該階段的技術相關專有名詞，又更更更別說將這些光一個名詞就要解釋半天的一堆名詞匯集成一段話……

承接前述文章，既然我們已經知道「AI 必須和人類互動」，那我們就應該將 AI 分成前中後三個階段：**接收訊息、大腦理解分析訊息、發出互動**。

像是網路客服機器人、Line 機器人，我們常統稱為**【聊天機器人（ChatBot）】**的相關機器人，它收訊息的方式是**文字**；像 Apple 的 Siri、智慧音箱或各種可以聲控的東西，它收訊息的方式是**語音**；前面提到的辨識貓狗和數字的機器學習，它收訊息的方式是**圖像**……

人類五感：眼（視覺）、耳（聽覺）、鼻（嗅覺）、舌（味覺）、身（觸覺），現在讓機器收訊息的方式，也不過就前二種「視覺：文字圖像」、「聽覺：語

0 門檻！0 負擔！
9 天秒懂大數據
& AI 用語！

音」佔了大多數，光是針對嗅覺味覺觸覺的機器人都還是小眾（常用在科學實驗室），更別説要綜合五感同時運用的機器人了。

平常我們習以為常的五感同時運用，對機器來説，卻是五種截然不同的技術領域，圖像辨識、文字探勘、語音辨識、【**自然語言處理（Natural Language Processing, NLP）**】、觸覺感測技術、嗅覺認知技術……（後面的甚至還沒發展出固定的專有名詞）。

機器當然不具備人類器官的各種分工，因此，接收進大腦的訊息，只能透過前面提到各種不同領域的技術，最終轉換成「資料及數據」；用更容易理解的角度來說，這些前置作業的相關技術，就是將一堆原本不是資料數據的內容，處理成資料數據的內容。

除此之外，我們也可以直接收進資料數據，讓機器的大腦開始作決策。這也是 AI 和資料處理有著緊密相關的原因，而小馬主要專精的部份，也在於資料處理上面。

小馬提醒　AI 一定需要資料處理，但作資料處理的人，並不一定是在發展 AI。每當研討會上與他人閒聊，有人聽完小馬我的工作內容，並回應說這工作其實就是 AI 的一部分時，我大都抱著不置可否的態度。在我角度，我只認為自己具備這樣的技術，但我不認為我是在做 AI，或是身處 AI 領域，或是做著 AI 相關工作，諸如此類。

接著，已經收到轉變成資料數據的大腦，要開始分析這些資料數據，從此開始，就存在著許多生硬的專有名詞，畢竟演算法百百種，有的別說小馬不熟，根本是連看都沒看過。

最後，將處理完的訊息、決定要做的動作，透過最後的方式與人類互動。而相關技術更是五花八門，例如實體機器人要有**機器人學**裡該了解的機械理論、動力理論，例如怎麼讓語音助理（像是 Siri）的回答更像是真的人的聲音，例如如何讓聊天機器人回應的文字，更像一個活生生的人在跟你聊天。

> 談到此，可以發現和 AI 相關的領域和技術，縱使只切成三個階段：接收訊息、處理訊息、回饋反應，範圍實在還是有夠廣的！在這麼廣的範圍裡，人家講出來的話，不見得剛好是自己熟悉或了解的，不就顯得一點都不意外了嗎？

以示負責，小馬還是將前面那段咒語解析一下。

Tech 是科技或技術（Technology），Mar 和 Fin 分別是行銷（Marketing）和金融（Financial），DMP 指的是【**資料管理平台（Data Management Platform）**】，如前面提到的資料倉儲概念，由於越來越多非 IT 背景的使用者會直接透過 BIS 使用資料，但又不是那麼清楚 BIS、Data Warehouse 以及資料處理的相關愛恨情仇，DMP 已是近年非 IT 人員很常用的詞彙，幾乎涵蓋了整個資料處理到 BIS 的範圍。

這整段可看出，不管是否具備機器學習技術，AI 這字眼已經被濫用在各個領域，濫用到像我的好同事與我，我們這種真正具備資料處理技術的人，已經不得不去適應大家這種 AIAI 的說法。

接著，KNN 指的是機器學習中的一個演算法【K- 近鄰演算法（K Nearest Neighbor）】，這演算法細節在幹嘛先毋須了解，只要先知道，它跟【神經網路（Neural Network）】是根本兩種截然不同的東西，這樣就夠了。

0 門檻！0 負擔！
9 天秒懂大數據
& AI 用語！

後者的 NN，是正在幫機器大腦正確解讀資料的過程，屬於架構上的概念；前者 KNN 則是具體實際運用在大腦解讀資料過程中，或已經正確收到資料後，工程師決定要使用的各種演算法其中之一。會把這兩種 NN 混在一起講甚至當成一樣的人，根本是外行無知不懂裝懂，無怪乎我的好同事要發出這種感嘆了。

》 AI 該做到什麼事？

終於要破題，機器學習的部份我們提到：**機器學習是一種方法、人工智慧是我們想要達成的目標。**而當我們現在回過神來，不禁會思考著這件事：

> 我們到底希望 AI 做到什麼？
> AI 要作到的這件事，真的必須得和人類互動嗎？

例如，我們很期待知道 2020 年的台灣總統大選誰會獲勝，模擬各種藍綠組合對決誰有最高的勝選機率，大家會把這樣的模擬過程甚至結果講成是……AI 在運作、AI 計算出來的結果。

但是！當結果被計算出來後，真的還需要把「**和人類互動**」的功能也作出來嗎？就像那張美國大選當選機率表，被計算出來，目的不就已經達到了嗎？

這正是現今 AI 亂象的原因之一，只不過是一般的數據分析，冠上 Big Data 字眼，就成了很了不起很厲害的大數據報告？只不過是機器學習累積出來的知識，冠上 AI，就成了很高科技很先進的 AI 結果？而**忽略了 Big Data 的本質在於資料要足夠龐大、忽略了 AI 的本質在於要能與人互動。**

「根據我們 **AI 結果**，這支股票在未來半年上漲 20% 的機率高達 80%。」

「AI 結果？ AI 怎麼告訴你結果的？ AI 用說的嗎？透過電腦喇叭跟你說？」

「呃……不是……」

「那是用文字訊息？你問 AI 要買哪支股票，他用文字訊息回應你？」

「呃……也不是……」

「那你到底怎麼從 AI 的腦袋裡得到這個結論的？你是怎麼知道這訊息的？」

「總之我們看到了 AI 這樣的結果。」

「從哪邊**看到**？電腦螢幕？那能讓我直接與你的 AI 交談嗎？」

「它現在還沒有辦法交談。」

「現在還沒？所以你們有打算讓它未來可以和人交談？正在開發這個功能嗎？」

「也……沒有……因為我們已經從 AI 身上得到我們想要的資訊了，和人交談這件事我們覺得沒那麼重要。」

「不要鬼打牆，所以你到底怎麼從 AI 身上得到資訊的？」

「唉！就是我們系統程式跑完之後，它會列出一張表，上面寫著某支股票……」

「你他馬兒的那就只是『數據分析』啊！」

照著上面的問法，相信連你也能破解許多根本不是 AI 卻被稱為 AI 的 **「AI 結果」**。

「可是，這結果確實對人類很有價值、很有幫助啊……」

0 門檻！0 負擔！
9 天秒懂大數據
& AI 用語！

「對啊，數據分析，本來就能分析出許多對人類很有價值、很有幫助的事情！但這跟 AI 不 AI，一點關係都沒有。」

「可是，我們如果跟人家說：**我們在開發的是數據分析。**而不是說：**我們在開發的是 AI。**這樣根本沒有人要投資我們啊！」

這才是真正問題的核心！
這才是真正問題的核心！
這才是真正問題的核心！

因為 AI 領域橫跨範圍太廣，所以太多人不懂；因為太多人不懂、所以很容易被唬爛；因為容易被唬爛，所以有越來越多人出來唬爛。也因此我們的生活才充斥著一堆 AI、認識不認識的人開口閉口都能 AIAI……

2019 年 3 月的新聞「歐洲 40% 的 AI 公司根本沒用 AI」（意指不是透過機器學習去製作），聲稱用 AI 工作的創業公司比其他公司多吸引了 15% 到 50% 的資金。姑且不論這 40% 著重在於使用機器學習與否、或是能和人類互動與否，這世界許多人打著 AI 名號到處招搖撞騙，已經是不爭的事實。

這使得我們不得不退而求其次，對於真正已使用機器學習，卻還未發展出「最後步驟：與人互動」的任何系統開發，我們已經足以承認這就是 AI，畢竟相較於只是一般數據分析、相較於只是滿滿的 IF，至少機器學習真用上了比較進步的技術，來處理特定領域得到的各種訊息。

而一旦這些訊息能帶給人類正面的價值，或許，我們並不真的需要 AI 可以與人互動。同理，就像是偷吃步的咖啡機器人，只有開發者自己才知道，自己做出來的系統，到底是不是 AI、到底是不是機器學習方法做的、到底是不是只是包裝過的一般數據分析。但一旦我們已取得具價值的訊息，或許系統背後實際是怎麼做的，也不再那麼重要了。

因此，最後，小馬必須順應時代潮流，修正自己對於人工智慧的定義：

> 利用程式語言，可以是各式各樣不同特定方法，進行資訊處理，將處理轉化後得到對人類有價值的訊息，**或**與人類互動，即是人工智慧。

》癥結點在於切入角度

本書至此，已談論了非常多面向的數據分析、機器學習、人工智慧，現在，我們終於有能力，將機器學習和人工智慧的定義，給清清楚楚地畫分出來。

> 癥結點在於切入角度：製作者角度、使用者角度。

我們已經知道，機器學習的運作，無論如何都限制在「資訊人員/IT人員的世界裡」；更具體來說，一個手邊實作機器學習的人，他肯定是一個工程師，無庸置疑的工程師，他肯定會某一套程式語言，例如使用 Python 來執行機器學習。

而這正是機器學習和人工智慧最大的差別：人工智慧不會僅存在於「資訊人員/IT人員的世界裡」，隨便一個路人，隨便一個沒有任何資訊背景的使用者，他都能接觸到人工智慧，例如 Google IO 2018 大會宣布的 Duplex AI 可以像真人一樣去和真人溝通並訂房，而且接線員還分不出來正在訂房的是 AI 不是真人。任何一個人，都可以接觸到 AI，但機器學習並不是。

因此從【使用者角度】而言，AI 就是 AI，使用者並不在乎這個 AI，是用機器學習方法製作、還是用一群工程師堆疊的 IF（如果遇到什麼狀況就反應什麼狀況）去製作，因為畢竟從【使用者角度】，使用者無法分辨得出背後製作的方法，甚至大多數使用者也不知道什麼是機器學習。但這一點都不重要，AI 還是存在於這些使用者的世界裡。

0 門檻！0 負擔！
9 天秒懂大數據
& AI 用語！

也因此，會想將機器學習和人工智慧綁在一起的人，並認為人工智慧一定得是機器學習開發出來的人、或認為機器學習的結果就是人工智慧的人，他無疑是一個【製作者角度】，只有身為一個製作者，他才知道這個被他開發出來的 AI，是不是用機器學習製作的。也只有身為一個製作者、或身為一個深諳此道的資訊人員，他才能對那些用 IF 開發 AI 的人嗤之以鼻。

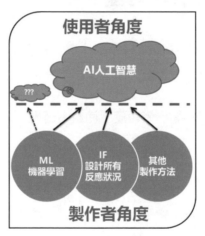

⬆ 一條線，將「使用者角度」和「製作者角度」給清楚劃分。在「使用者角度」，使用者不需要去在乎製作方法，只要 AI 使用起來就像是使用者理解中的 AI，那就夠了；只有從「製作者角度」出發的資訊人員，才需要對於製作方法，有所嚴謹規範或明確要求。

也因此，大家往後提及機器學習與人工智慧，不必再為了「AI 是不是必須使用機器學習」而爭得面紅耳赤，因為從「使用者角度」而言，這事並不真的那麼重要。

有沒有覺得上面的論述，有似曾相識的感覺？

沒錯，同樣的道理也可應用在「數據分析」。

數據分析的終點是產出一份分析報告，一份向長官、向跨單位、向客戶、向各種背景並非分析人員的對象，的分析報告。

而這些「觀賞聆聽並**使用**分析報告的人」，即是從「使用者角度」。對他們來說，這份報告是怎麼製作出來的，是透過很基本的統計學？有加入人為判斷？是透過機器學習找到的最佳迴歸模型進而推導出的分析結論？並不那麼重要。

因為縱使現在數據分析人員唬爛他的聽眾，只是用很簡單的統計學製作，卻硬要說成是機器學習找到的迴歸模型製作，聽眾反正也分不出來！所以從使用者角度去執著於製作方法，並沒有太大意義。

也因此，一份「數據分析報告」，它也並不僅只存在於「數據分析人員的世界裡」，與人工智慧相同，它存在於所有使用者的世界；但背後的製作方法、分析方法，卻只存在於**「數據分析人員的世界裡」**，和機器學習，完全有異曲同工之妙。

老闆要我向你們學學怎麼用大數據做出上次那份分析報告，他一直稱讚那份報告做得很好。

不瞞您說，那份報告只是很簡單的敘述統計，拿到乾淨資料，連小學生都會做……

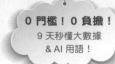

0 門檻！0 負擔！
9 天秒懂大數據
& AI 用語！

是這樣啊！所以我很快就能學會
囉？那我該不該跟老闆說這其實
不是大數據？

嘿嘿，你覺得呢？至於能不能很快
學會，這就要看你在視覺化上面
的美感了。總之這完全是兩回事。

我們終於可以找出，機器學習這個方法除了用在達成人工智慧這個目標，還可以用在哪？小三出現了：**機器學習，還可以用在「數據分析報告」上面。**

我們現在都知道機器學習在於縮短人類得知某項訊息的時間，如果現在一個數據分析人員，苦惱於該用哪種迴歸模型、該用哪種參數，來最佳化它的數據分析，很明顯，他可以透過機器學習這個方法，來達成他的目標。

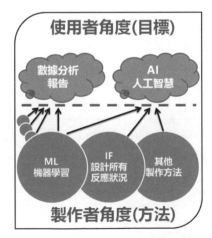

⬆ 「**方法是方法，目標是目標。**」一個好的方法，絕對不會侷限於唯一目標；一個目標，也不會只有唯一方法可以達成。人工智慧如此、數據分析報告也是如此。

一定會有人跳出來說：「不對不對，你所謂用機器學習做出的分析報告，說起來就是用 AI 做出的分析報告，就像是川普當選機率的那件事一樣，我們是利用機器學習的方法做出那個機率值的，而對我們來說，這就是 AI。」顯然，這個人把機器學習和人工智慧給綁在一起了，沒錯，他是製作者角度，而且，他把 AI 當成一個方法，當成一個做<u>數據分析的方法</u>。嗯……這對嗎？

AI 只能是目標，而不能是方法嗎？以現在 2020 年代的時空背景而言，所謂的「以 AI 方法進行」的事情，本質都是「以機器學習方法進行」。既然如此，我們為何不用更正確的字眼，也就是**機器學習**，去當作被我執行的這個方法的名字呢？因此在小馬我的認定中：**AI 不是方法，AI 是個目標。**

方法和目標的差異在於，**方法只存在於運作方法的人的世界裡，而目標存在於所有使用者的世界裡。**無論任何人，隨時都可以接觸已經被製作完成的 AI，在這種狀況下，更能加強我對於「AI 不是方法，AI 是個目標」這樣的論述。

也因此，機器學習是方法、人工智慧是目標，機器學習絕對不等於人工智慧。

當然，前面圖解目的是為了讓讀者更清楚兩種角度的差異，事實上一整個 AI 的製作不會這麼單純，也會有上下游的分工，身為中游絕對也會有不同的角度。

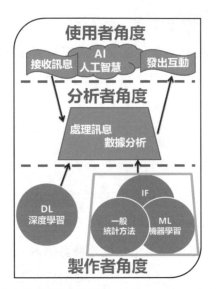

⬆ 製作實務上，會有不同類型的配合和分工，也會有各階段的方法運
用及自身目標，都不像前面示意圖如此單純。

但當然，本書不會去嘗試把所有的配合都畫出來，就像是機器學習章節我們
知道監督式、半監督式和非監督式可能有各種配合狀況，而我們現階段只需
要理解有這些內容即可，至於實際的操作可能，就不在本書盡述了。

≫ AI 取代人類

最後的最後，你相信並擔心著，媒體所說的「AI 即將取代人類工作」這件事
嗎？

這是非常根本的**假議題**，還記得前面提到的「報表小公主」嗎？

> 不用到 AI，她們就已經被取代了。
>
> 還不是 AI，只是 BI 或 UI 而已。

隨著時代演變、科技進展，本來就會有很多工作將被取代掉，就像是相機底片、像是一些夕陽產業一樣，而根本與 AI 不 AI 無直接干係。人類的工作會不會被取代，得看科技在哪個領域逐漸發展進步。

AI 搶了人類工作？先別說市面上一堆 AI 根本不是 AI（這是製作者角度，認為用 IF 寫出來的 AI 不是 AI），就算真的是 AI，也要強 AI 才有那種能耐可以取代擁有著神奇大腦的人類，但強 AI 的開發卻有著難如登天的門檻。所以，別再讓 AI 被冠上職場劊子手這種莫須有罪名了。

搶人類工作的，從來就不是 AI，而是不斷發展的科學與科技。

小馬閒聊 09

（特別加長篇：面試題目大解析）

到底是怎樣的面試題目，竟然讓面試者抱著反省的態度回去呢？為什麼面試者並不是覺得「這題目也出太爛了」或「沒必要出那麼難」，反而，是一種「對啊，這題目這麼簡單，為什麼自己竟然回答不好？」

小馬不是一個太在意履歷的人，相較於履歷，我更在乎求職者怎麼看待我給出的題目，以及怎麼回應題目內容。只要投履歷，大都有機會來面試，小馬甚至曾經面試過一位「完全沒有寫自傳」的求職者……然而該名求職者的面試內容……並無法讓我對於「連自傳都沒寫，肯定不會是個好求職者」這件事情有所改觀。也因此，從這案例之後，雖說不特別在意履歷內容，但基本最低限度的門檻，還是應該得具備的。

廢話不多說，以下，小馬就要來揭露，至今，我自己仍覺得設計得非常好的面試題組。

一見到面試者，小馬會先遞上寫了以下幾行字的半頁 A4：

對我們而言，一位新人，

軟體工具不熟，再學就好；SQL 功力不足，再加強就好。

然而……

內在，對資料和數據的敏感度、邏輯感、想像力、創造力；

外在，溝通能力、表達能力、臨場反應、危機處理。

並非一朝一夕能培養起來的。

接著的面試，希望您能充分表現出，

您具備我們理想中，內在及外在的特質。

「閱讀完，OK 了，就跟我說。」接著等待求職者準備好。

於是就開始了，小馬會先請求職者看如下圖的 A 和 B 二張表，並說：
「先仔細研究一下這兩張表，研究完之後，再跟我說。」

A				B		
CRE_DATE	C_NO	C_STATUS		CRE_DATE	C_NO	C_STATUS
2016/3/2	0987123001	C		2016/3/2	0987123001	C
2016/3/3	0987123002	C		2016/3/3	0987123002	C
2016/3/4	0987123003	A		2016/3/4	0987123003	A
2016/3/5	0987123004	C		2016/3/5	0987123004	C
2016/3/6	0987123005	A		2016/3/6	0987123005	A
2016/3/7	0987123006	A		2016/3/8	0987123006	C
2016/3/8	0987123006	C		2016/3/11	0987123007	C
2016/3/8	0987123007	C		2016/3/10	0987123008	C
2016/3/11	0987123007	C		2016/3/11	0987123009	A
2016/3/9	0987123008	C				
2016/3/10	0987123008	A				
2016/3/10	0987123009	A				
2016/3/11	0987123009	A				

🔼 看著這張表，猜得到接下來的問題嗎？先不要太快看答案，看完題目後，回來看著這張表，講得出正確答案嗎？

有的求職者很快兩眼就看完，有的會看上十分鐘，多數人會在三到五分鐘左右回覆他看完了，真超過十分鐘（彷彿要把內容完全背起來一樣），小馬也會主動打斷。接著……

第一題：給 A 這張表一個故事，隨便什麼故事都可以，來解釋 A 這張表的三個欄位，分別是什麼意思。

很明顯，這沒有標準答案，只要能說得通，就是正確答案。這道題目的目的，在於測驗求職者對於資料的**解讀能力**，很多時候做資料處理，我們並不會花太多的時間去向源頭確認每一個欄位內容，八成的內容可以透過看資料，得知其欄位意思。

況且，縱使向源頭詢問，他們給出的答案，也不一定是正確的，因為可能事過境遷，加上他們不是直接使用資料的人，因此早就印象模糊……反而是我們處理資料的人，自己要懂得運用相似但不同的欄位，拼湊出正確解答。換句話說，一旦知道資料的故事背景，看到資料時，就要具備如此的推理能力。

更不用說，現在這題目，故事交由求職者自己創造。當求職者無法第一時間回答時，小馬會試著先說一套故事：C_NO 是我們會員的姓名，因此不同 C_NO 代表著不同會員，CRE_DATE 是這個會員客訴的日期，C_STATUS 是會員生氣地掛電話，或平心靜氣的結束，C 代表掛電話、A 代表和平結束。

通常到此，求職者大概都能編出一套合理的故事，就算聽起來可能有點怪怪的：C_NO 是上架的蔬菜名稱，CRE_DATE 是有被購買的日期，C 代表完全被買光、A 代表沒有被買光。OK！這也算正確！此題滿分！

第二題：B 的資料，是透過 A 整理過去，請問是依照什麼判斷方式，將 A 整理成 B 的呢？按照你故事的背景，又該如何解釋呢？

可說是承接第一題，具備有跡可循的答案。此題目主要考驗二點：

1. 基本細心程度
2. 基本邏輯能力

絕大多數求職者，在於 CRE_DATE 的回答是沒問題的：相同 C_NO 最後一天的記錄（這名會員最後一次客訴的日期、這項蔬菜最後一次被購買的日期）。但 C_STATUS 通常會犯下不夠細心的錯誤：最後一天的狀況（這名會員最後一次客訴的狀況、這項蔬菜最後一次被購買的狀

況）。但這答案是錯的……

「不對唷，0987123008 這項，不符合你說的最後一天的狀況。」答錯的求職者這時通常會有點緊張，因為他們知道，自己至少有二次的機會可以發現這件事，結果卻還是疏忽了。

再加上真看不懂 AB 之間邏輯的人，實際上，只有不到一半的人，可以在第一時間回覆正確答案：B 表的 C_STATUS 是記錄「**曾經**」的行為。

A 表「C 代表掛電話、A 代表和平結束」，B 表「C 代表這個會員**曾經**掛電話、A 代表這個會員一直以來都是和平結束客訴。」；A 表「C 代表該項蔬菜完售、A 代表未完售」，B 表「C 代表該項蔬菜**曾經**完售過、A 代表這蔬菜從未完售過。」

而這在資料處理中，是很基本的邏輯判斷與解讀。

第三題：加分題，以 SQL，from table A，做出 table B。

求職者履歷只要提到「SQL」，肯定都會面對這題，而這題看似簡單，寫起來會發現比想像中困難。能寫出最終正確答案的求職者，更是幾乎不到 10%，屈指可數。所以這題我通常不強求真寫得到最後正確答案，從求職者寫的過程，也能看得出求職者 SQL 程度到哪。

方法一：先 max（CRE_DATE），group by C_NO 做出第一張表；distinct 或 group by C_NO、where C_STATUS='C' 做出第二張表；以第一張表為基礎，left join 第二張表，接著下 case when，沒有出現在第二張表的 C_NO，C_STATUS 令為 A，有出現的令為 C。類似方法一的答案還有許多變化，如果能口述如上，縱使不直接寫出來，我也會當作正確。

方法二：不透過 join，先做 C 為 1、A 為 0 的新欄位，接著 sum（新欄位）over（partition by C_NO），>=1 的為 C、=0 的為 A；同理 max（CRE_DATE）over（partition by C_NO）。最後針對新的 C_STATUS 和 CRE_DATE，做 distinct 或 group by。這方法非常進階，縱使同行在職人員，也常看到不懂得方法二，僅會用方法一的人。

不過本書不在於教學 SQL，這邊僅概要提及如上。只是想表示，如果你是位會 SQL 的讀者，可以嘗試看看能不能做到第三題，如果你能很順利地做到，你的 SQL 程度已經超越大多數的人了。

第一關已經結束，通常我會控制在 20 分鐘以內，第一題和第二題明顯不行的、或是完全不懂 SQL 且談吐間感覺沒太積極想學的，會跟他說到這邊就好；第一關有過的，接著是第二關，事實上，大多數的人都能邁進第二關。

同樣，「先仔細研究一下這張表，看完之後，再跟我說。」

地區	門市	實績	目標	達成率
北區	10032	2,700,000	3,000,000	90.0%
北區	10033	2,250,000	2,500,000	90.0%
北區	10034	7,200,000	6,000,000	120.0%
北區	10035	4,000,000	4,000,000	100.0%
中區	20005	4,200,000	3,500,000	120.0%
中區	20006	3,600,000	4,500,000	80.0%
南區	30011	2,250,000	2,500,000	90.0%
南區	30012	1,500,000	1,500,000	100.0%
南區	30013	1,100,000	1,000,000	110.0%

⬆ 有沒有覺得很熟悉？這題要問一個，前面章節有提到過，很多人會犯的數學錯誤。

第一題：達成率，是怎麼計算出來的？

小學程度就可以回答，能走到此的求職者，肯定都回答得出來：實績除以目標、實績當分子目標當分母。但接著的第二題，才是這整個題組的重點……

第二題：請分別說出，整個北區、整個中區、整個南區的達成率，分別，是<u>大於</u>、還是<u>等於</u>、還是<u>小於</u>，100%？

這是一道，對於**具備一定程度數學能力**的人來說，很明顯的陷阱題。如果直接將達成率相加後平均，則北中南區都會等於100%。但這種算法，肯定是錯誤的，同時，會犯這種錯誤的人，除了細心問題，也代表著在討論「**成長率**」、「**銷售率**」、「**點擊率**」等等，甚至是新的詞彙，有關計算比率的數據時，可能將產生理解上的困難甚至障礙。而這種事對於數據分析的部門，是一種絕對不可以發生的致命缺失。

回答三個100%的人，遠超乎我想像的多。有的是偷懶，很快就發現這樣算不太對；有的是根本不知道為什麼不能這樣算。前者得到的分數肯定比後者要高，面試中不單純只是對於題目的回覆正確，更多的是在對談中，表現出內心真正對於題目與答案的理解程度和學習能力。

要計算整個區的達成率時，必須先把該區的實績相加、該區的目標相加，再將兩個數字相除，會得到北區 >100%、中區 <100%、南區 <100% 的正確答案。即是前面章節有提到過的 AVG（實績 / 目標）和 SUM（實績）/SUM（目標）的差異。

第三題：加分題，有沒有更快的判斷方式？你是怎麼判斷出答案的？

能講出正確答案的求職者，都能獲得這樣一道加分題，測的是**對數據的敏感度**。

許多求職者是直接動筆開始先相加後相除，這個我會問「有沒有更快的判斷方式？」直接用看的就回答出第二題答案的人，我則是問「你是怎麼判斷出答案的？」

事實上，題目經過我精心設計，達成率 100% 的門市，它不是影響該區大於小於 100% 的重點；而會影響的，即是小於 100% 或大於 100% 的門市。

不必真的計算出相加後的整區實績目標，只要看「該區目標比較大的門市，達成率是大於 100% 或小於 100% 即可，該區的目標就會與這間門市的狀況相同」。這是一種對於**權重**的敏銳度。

與第一關相同，只有不到 10% 的求職者，能將三題完整答對，少之又少。到此，第二關結束，對於「內在：對資料和數據的敏感度、邏輯感、想像力、創造力」部分測驗完畢，會控制在 40 分鐘以內。

「外在：溝通能力、表達能力、臨場反應、危機處理」，則是透過第三關來打分數，與前二關的分數並無關聯。第三關如下，求職者會拿到一張 A4 紙，上面印著如下題目：

> 你是一間生產 BI 軟體的公司，生產兩種版本：專業版、一般版。你面對的需求市場有一半的人是「專家」、一半的人是「一般人」。對專家而言，他最多願意支付 400 元買專業版，但不會花任何錢去買一般版；對一般人而言，他最多願意支付 100 元買專業版，最高願意支付 50 元買一般版。
>
> Q1：你如何針對兩種版本定價？並解釋。
>
> Tips: 題目所列的資訊，可能不足以讓你回答這一題，問夠充分的資訊來解題。

然後我會向求職者再次強調一遍：「這個題目，有很多的**前提假設**沒有提到。照理說，你必須問我，問出這些前提，你才能順利地回答這個問題。」

前面章節提到過，在我部門，常身兼「翻譯」的角色，縱使不考慮這點，一個良好的職場環境，也應該和同仁有著良好的溝通過程。如果連問題出在哪都問不出口，要怎麼期待能把問題解決呢？

除此之外，在數據分析的報告會議中，我們經常面對著不具備統計基礎的同事，我們該怎麼把很複雜的內容，用較容易理解的方式說明出來？當同事反問了問題，我們又如何臨場反應出，對方也容易理解的答覆？

最重要的是，我們很怕**不和人溝通的獨行俠**，一個人自以為是地把工作處理完，才發現方向根本錯了，這都不是我們想看到的狀況。

有趣的是，這樣的題目，在我過往經濟系背景的考題中，很常出現。明明背後有著一堆根本沒講清楚的假設條件，教授卻認為我們看到題目就應該要會回答，簡直莫名其妙，這道題，就是其中之一。

回到面試過程，有許多可能在校是學霸級的人物，覺得這答案一看就是「專業版定價 400 元、一般版定價 50 元」，有什麼好前提假設要問的？看來我們的高等教育，真是很「成功」呢……

事實上，這題目有非常基本必須提到的三個假設：

1. 一個人只會購買一種版本且一個版本只能訂一個價格。
2. 每個人買了之後只能自己使用，不能分享給其他人用。
3. 定價的目標是為了取得最大的利潤，而開發成本在二個版本都是 0。

對吧？題目根本沒講這三個假設，任一個假設不存在，答案就會不一樣。結果竟然大家可以在不知道這些假設的前提下，就回答出正確答案？真是天縱英才啊！

除此之外，求職者也會問出各種有趣或無關主軸的問題：

「會改版嗎？會過期嗎？有沒有維護費用？」

「可以假設專家和一般人各 50 個人嗎？」

「這是經濟學的題目對不對？可是我不是經濟系的。」

「需要考慮之後有其他軟體要賣給他們嗎？這樣雖然他願意付到 400，可是我只打算賣 350，免得被其他同業搶走客人。啊～不對，應該先問，我有同業或競爭對手嗎？」

也有一針見血型的……

「所有問題都可以反問你？」

「對。」我說。

「那這題答案是 400 和 50 嗎？」

「對。」

「可是我必須問出前提假設？」

「對。」

「所以其實這題目不是在考我這個答案，而是在看我懂不懂得問到關鍵問題？」

「對。」幾乎想錄取他了。

我們緊接著看第三關的第二道題：

> 在商品上架前，你研發出一套「加強版」，功能完整度介於「專業版」和「一般版」之間，專家最多願意支付 200 元去購買，一般人最多願意支付 75 元去購買。
>
> Q2：你應該推出專業版和一般版這兩套，還是應該推出專業版和加強版這兩套？如果答案是後者，應如何定價？並解釋。
>
> Tips: 不必多想，只有這兩種選擇。有人說，必須算出兩種選擇帶來的利潤差異，才有辦法解答這題？是嗎？

必須承認，在整個面試的最後這道題，具有相當邏輯難度。尤其在走到這題時，大概已經歷時一個多小時，難免注意力渙散、無法集中精神，又要邏輯思考這題的答案，確實不容易。

詳解過程這邊不贅述，在有人回答出應該販售「專家版多少錢和加強版多少錢」這個錯誤答案後，只要反問一句，「這時候，專家會去買什麼版本呢？」多數人就能反應過來，自己答錯了。

然而，整個第三關，小馬我對求職者的評分標準，難道是依據有沒有回答出【400 和 50】和【選擇維持原本專業版和一般版】這二個答案來評比嗎？

當然不是。我在意的是第三關的整個過程，求職者到底跟我互動來回詢問了多少次？溝通的方向和品質如何？縱使第一時間回答錯誤，接著有沒有辦法理解我的說明，以及有沒有辦法在理解後，用他自己的話表達出來？這才是整個第三大題組的關鍵所在。

問都不問，直接回答出正確答案的，反而分數不會高。畢竟已經一再強調有前提假設，最開始也提到請求職者展現「外在：溝通能力、表達能力、臨場反應、危機處理」特質，還沉默是金，那肯定無法錄取的。

第三關在後期，我改用海龜湯題目去對談，效果也非常好，也免除了一些專業刻板印象。不知道海龜湯是什麼的，這裡就不贅述，請自行 Google 囉。

最後的最後，不免俗會談到薪水……

「如果現在有一位求職者，上面的題目，可以完美流暢無誤地，順利回答出所有正確答案，該問到的也都有問到，總之一切完美，一百分！那麼……你認為他的薪水，應該要有多少？」

有的求職者會給出一個數字，有的可能知道我下一個問題，還沉浸在反省自己的錯誤之中，講了些顧左右而言他的內容例如：「可能還是要看年資、經驗吧？」

無論如何，我會請求職者具體給出一個數字，舉例月薪 60K。接著才問：「那麼，你覺得自己剛剛得到了幾分？」

「大概差不多及格邊緣吧？60 分……」

「這樣啊！那不就打六折，你薪水會只剩下 36k 耶。」我故意這樣說，但其實我心裡想著，「別放鬆啊！面試還沒結束呢！」

注意到了嗎？現在還正在測「臨場反應和危機處理」呢！絕大多數的求職者這時候已經是鬆懈或是放棄的，包括其實前面評分很高的人：第一

時間沒有回答出正確答案，但溝通過程能迅速理解並吸收，有極佳的素質，但可能自以為已經失分了。

事實上，這題有個如下的完美標準答案：

「不能直接打六折這樣算啦！這應該先有基礎薪資，才往上再加。就是線性函數 y=a+bx 截距項 a 的概念，例如基礎薪資是 20K，100 分如果是 60K，那 60 分應該也要有個 44K 才對。」

隱藏的第四關，沒多少求職者有意識到。縱使沒能精準說出「截距項」這統計專有名詞，至少也該嘗試各種自圓其說，把薪水講到自己的理想薪資才是。而以「具備基本 SQL 能力的數據分析專員」來說，薪資可多可少，從 30K 到 50K 都有人嘗試開過。

| 最終結果就是，一旦錄取，求職者講多少，我就給多少。

直到我說：「好了，我所有問題都問完了，有沒有什麼想問的問題？」這時候題目才真正完全結束。

我知道有些人資會執著於求職者有沒有問問題，但對我而言，這點在前面的題目中已經展現過，懂得問的就會繼續問，不懂得問的也不會走到這關。

求職者提出的問題我幾乎全部都會回答，除非過於涉及公司機密的內容，相同的話也在此提供給各位參考：每次面試，都是一次人生經驗，不必客氣，能多問、就盡量多問，從公司聊到產業聊到數據分析聊到職涯規劃等等，小馬所言不必盡聽，但三人行必有我師的概念，能有所體悟、能多學到的，就都是自己的。

❙ 面試最後沒能錄取並不是失敗，失敗的是沒能從面試過程中得到成長。

也因此，一場面試，往往二個小時就這樣過去了呢……

》 結語與致謝

本書宗旨？別八股了，小馬想說的只有：

▌ 這不是一本教課書。

教科書是確認好所有被確認的事情，並將這樣的知識累積成一本書，硬生生地塞給閱讀的人，並很直接地告訴讀者：這本書寫得都是正確的，你必須相信這本書的內容。

本書恰恰不是，而僅是以一個擁有近十年資料處理經驗的人 -- 小馬我的角度，主觀地去看 Data Mining、Big Data、Machine Learning、AI，應該如何詮釋與定義。這本書試圖告訴讀者的，並不在於告訴大家這些定義上如何完美正確，而是希望透過各種角度的討論，將這樣的正確，交由大家給定義出來。

很多的學問，都不是一個人說了算、一個人能決定的，例如 Big Data 的定義，怎樣叫 Big ？拿 Excel 的列位數限制，真能當作 Big 不 Big 的界線嗎？例如 AI 的定義，怎樣叫 AI ？拿能不能和人互動、拿是不是以機器學習方法製作的，來定義是不是 AI 嗎？

然而無庸置疑的是，我們勢必要考量更多的面向與角度，我們才有足夠的能耐，來對一件事做公正客觀的定義；隨著時代演進技術進步，我們也才能與時俱進，把新的事物考量進定義範圍裡，進而給出新的定義。

最後，首先謝謝 iT 邦幫忙鐵人賽，提供了讓小馬大放厥詞 (!?) 的平台，還給了個獎以示嘉許；接著感謝博碩文化，慧眼青睞，認為這樣的主題、這樣的出發角度耐人尋味、值得一提、可以出版；感謝所有與我共事過的好夥伴，三人行必有我師，休戚與共，也才讓我有那麼一丁點經驗及本事，寫出這樣一本書；感謝與我「深深聊天」的所有親朋好友甚至陌生人，才能有那麼多不同角度的思考素材，讓本書更增色；最後感謝家人朋友，有那樣良好的生活環境與背景，才塑造我如此實事求是、追求甚解、廣納各方角度的性格，進而促成這本書的內容。

感謝各位讀者，希望未來，我們能一同看著 AI 領域的逐步發展。越來越多人了解，就能促使越來越多人關注，資料數據領域、機器學習領域、AI 領域，也才會有源源不絕的能量注入，謝謝大家。

讀者回函

讀者回函

感謝您購買本公司出版的書,您的意見對我們非常重要!由於您寶貴的建議,我們才得以不斷地推陳出新,繼續出版更實用、精緻的圖書。因此,請填妥下列資料(也可直接貼上名片),寄回本公司(免貼郵票),您將不定期收到最新的圖書資料!

購買書號:　　　　　　**書名:**

姓　　名:＿＿＿＿＿＿＿＿＿＿＿＿＿＿＿＿＿＿＿＿

職　　業:□上班族　　□教師　　□學生　　□工程師　　□其它

學　　歷:□研究所　　□大學　　□專科　　□高中職　　□其它

年　　齡:□10~20　□20~30　□30~40　□40~50　□50~

單　　位:＿＿＿＿＿＿＿＿＿＿＿部門科系:＿＿＿＿＿＿＿＿

職　　稱:＿＿＿＿＿＿＿＿＿＿＿聯絡電話:＿＿＿＿＿＿＿＿

電子郵件:＿＿＿＿＿＿＿＿＿＿＿＿＿＿＿＿＿＿＿＿＿＿

通訊住址:□□□＿＿＿＿＿＿＿＿＿＿＿＿＿＿＿＿＿＿＿＿

您從何處購買此書:

□書局＿＿＿＿　□電腦店＿＿＿＿□展覽＿＿＿＿　□其他＿＿＿＿

您覺得本書的品質:

內容方面:　□很好　　　□好　　　□尚可　　　□差

排版方面:　□很好　　　□好　　　□尚可　　　□差

印刷方面:　□很好　　　□好　　　□尚可　　　□差

紙張方面:　□很好　　　□好　　　□尚可　　　□差

您最喜歡本書的地方:＿＿＿＿＿＿＿＿＿＿＿＿＿＿＿＿＿＿

您最不喜歡本書的地方:＿＿＿＿＿＿＿＿＿＿＿＿＿＿＿＿＿

假如請您對本書評分,您會給(0~100分):＿＿＿＿＿ 分

您最希望我們出版那些電腦書籍:

請將您對本書的意見告訴我們:

您有寫作的點子嗎?□無　　□有　專長領域:＿＿＿＿＿

博碩文化網站　　http://www.drmaster.com.tw

221

博碩文化股份有限公司　產品部

台灣新北市汐止區新台五路一段112號10樓A棟

DrMaster

深度學習資訊新領域

http://www.drmaster.com.tw

博碩文化

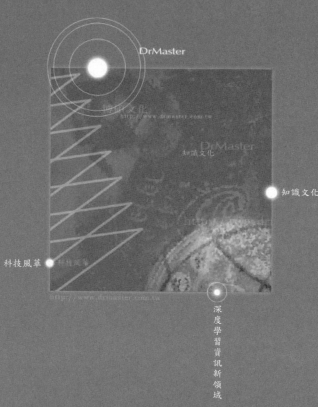

DrMaster

知識文化

科技風革

深度學習資訊新領域

DrMaster

深度學習資訊新領域

博碩文化

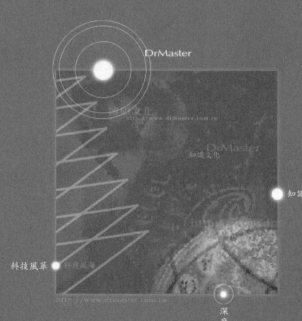

DrMaster

知識文化

科技風華

深度學習資訊新領域